U0275466

Animal Series

OWL

Desmond Morris

动物不简单
第 1 辑

一只猫头鹰，是一只

猫头鹰

[英] 德斯蒙德 · 莫里斯 著
杨 楠 译

中信出版集团 | 北京

图书在版编目（CIP）数据

一只猫头鹰，是一只猫头鹰 /（英）德斯蒙德 · 莫里斯著；杨楠译 . -- 北京：中信出版社，2019.5
（动物不简单 . 第 1 辑）
书名原文：Owl
ISBN 978-7-5086-9768-0

Ⅰ . ①一… Ⅱ . ①德… ②杨… Ⅲ . ①鸮形目－儿童读物 Ⅳ . ① Q959.7-49

中国版本图书馆 CIP 数据核字 (2018) 第 267064 号

一只猫头鹰，是一只猫头鹰

著　　者：[英] 德斯蒙德 · 莫里斯
译　　者：杨楠
出版发行：中信出版集团股份有限公司
（北京市朝阳区惠新东街甲 4 号富盛大厦 2 座　邮编　100029）
承 印 者：河北彩和坊印刷有限公司

开　　本：880mm×1230mm　1/32　　印　　张：7.25　　字　　数：114 千字
版　　次：2019 年 5 月第 1 版　　印　　次：2019 年 5 月第 1 次印刷
京权图字：01-2018-7847　　广告经营许可证：京朝工商广字第 8087 号
书　　号：ISBN 978-7-5086-9768-0
定　　价：198.00 元（套装 5 册）

服务热线：400-600-8099
投稿邮箱：author@citicpub.com

目录

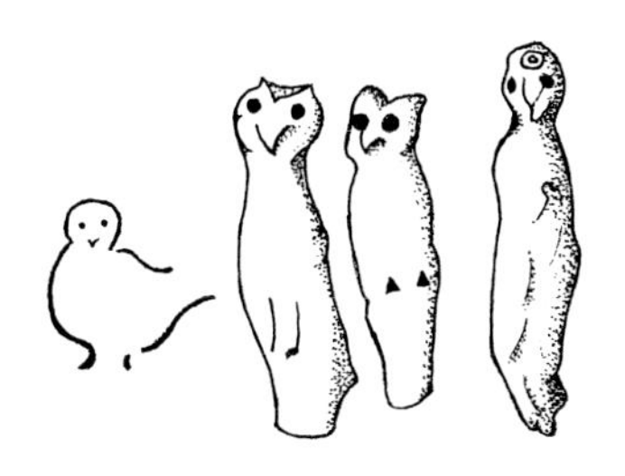

前言

猫头鹰是一种矛盾体。它是人们最了解也最不了解的鸟类。随便让什么人，甚至是小孩子，去画一只猫头鹰，他们都会毫不犹豫地画起来。问他们上一次看到猫头鹰是什么时候，他们却会踌躇不决，冥思苦想，然后说记不清了。它可以是书中的图片；很可能是电视纪录片中的一只鸟；也有可能被关在动物园的笼子里。但他们上一次看到一只野生的、处于自然状态的活猫头鹰是什么时候呢？这就是另一回事了。

这种矛盾是如何产生的呢？我们为什么很少遇见活着的猫头鹰，这一点非常容易理解，因为这种夜行猛禽生性胆小，飞行时也没有声音。除非我们想方设法发现一只，用特殊设备进行有组织的夜袭，否则很难有机会与它面对面。可如果我们很少看到它，又为什么会对它的样子这么熟悉呢？这一点就更难理解了。答案在于它独一无二的头部形状。猫头鹰和人类一样，长着一个大圆脑袋，脸部扁平，还瞪着一双间隔很宽的大眼睛。这让它有了一种非同寻常的人类特质，在鸟类中无与伦比，古代有时会把它描述成长着人头的鸟。我们自称智人，意思是“智慧的人”，因为猫头鹰的头长得像人，所以我们称之为“智慧的老鸟”。事实上猫头鹰并没有乌鸦或鹦鹉聪明，但我们认为它聪明，仅仅是因为它和我们长得像。

（左页图）埃利埃泽·阿尔宾（Eleazar Albin）1731年的仓鸮画像《白色猫头鹰》（*The White Owl*）。数百年来，猫头鹰标志性的形态一直是插画家的一大乐趣所在。

孩子眼中的猫头鹰：《聪明的猫头鹰、伤心的猫头鹰和生气的猫头鹰》(*Wise Owl, Sad Owl, Angry Owl*)，10岁的玛蒂尔达2008年画在纸上的墨水和铅笔画。

正是这种像人一样的瞪视让我们觉得自己了解猫头鹰。宽大的脑袋和面向前方的大眼睛，让我们在看一只猫头鹰时，难免会产生与一只正在深思的鸟类亲戚相对视的感觉。也正因如此，我们对猫头鹰既牵挂，又害怕。如果说它们这么聪明，却只在夜深人静时出没，那么它们大概是在做坏事吧？像夜盗一样，趁着受害者最脆弱的时候悄悄接近猎物。像吸血鬼一样，只在太阳落山之后吸血。或许猫头鹰所拥有的并不是智慧，而是邪恶？

当我们研究人类与猫头鹰的关系史时，会发现它确实经常作为智慧与邪恶并存的象征。智慧或者邪恶，邪恶或者智慧，猫头鹰的形象一直在变来变去。几千年来，这两种标志性的含义总是在改变和转换。对于被深深误解的猫头鹰来说，这又是一对矛盾的特质。

在这本书中，我想要研究这两类角色，以及另外的一些。因为如果我们想象出来的邪恶猫头鹰的暴行能够得到控制，转而施加到我们的敌人身上，那么它就能一下子变成保护我们的猫头鹰了。在印度，它还被视为一位女神的坐骑，从天空中飞扑而下；在欧洲，一些人视其为不屈的象征，还有一些人视其为盛怒之下保持冷静的象征。在 21 世纪，我们终究还是渐渐对这个星球上的野生动物群体有了正确的认识，并为其急剧的缩减而忧心忡忡，我们也渴望去理解迷人的猫头鹰生物学。

12世纪的动物寓言集中的一只猫头鹰。

因此我们在这里要研究很多猫头鹰：智慧的猫头鹰、邪恶的猫头鹰、保护我们的猫头鹰、用来运输的猫头鹰、不屈的猫头鹰、冷静的猫头鹰以及自然的猫头鹰。在很多不同的时代和文化中，我们对猫头鹰的兴趣造就了大量引人入胜的神话、传说和人工制品，而猫头鹰用催眠般的凝视俯瞰着一切。

说到我自己，我做动物园管理员的时候，认识了许多被圈养的猫头鹰，而在我四处旅行，制作关于动物生活的电视节目的那些日子里，我又遇见了很多。但说实话，我猜我和你们一样，我在猫头鹰的自然栖息地遇见的野生猫头鹰非常少。然而，我经历过一次难忘的邂逅，当时的每一个细节如今依然历历在目，虽然是 60 多年前的事了，那时的我还在寄宿学校。一个夏日午后，我漫步在学校附近的乡间，在一片田野的一角看见了奇特的东西。我悄悄地、慢慢地走近，因为我能看出那是某种鸟类，正一动不动地站在地上。我离它越来越近，可它还是不动。然后在我离它还有大约 10 英尺（约 3 米）时，我恍然大悟，认出它是一只血淋淋的、受了重伤的猫头鹰。它一定是被枪打中了，被陷阱困住了，被某种锋利的线缠住了，或者是在夜里被汽车撞到了。它的伤惨不忍睹，显然会在巨大的痛苦中慢慢死去。兽医也无能为力了。我要怎么办呢？

因为它已经救不活了，我选择了一种很让人不愉快的做法。弃之不顾比较容易，但这就意味着我要任它在煎熬中死去。反过来，如果我杀了它，就会把它从痛苦中解脱出来，但这样的话，我就得对一个无助的受害者施暴，杀死一只美好的鸟儿。还是个小学童的我左右为难。我看着那只猫头鹰，那只猫头鹰也看着我，它大大的黑眼珠里没有流露出一丝情感。它一定在那儿待了好几个小时，等待着死亡，我们的眼神交汇之时，我对它产生了强烈的情感牵绊，并且对直接或间接让它受伤的人类怒火中烧。

那是 1942 年，第二次世界大战正肆虐欧洲。站在阳光下的威尔特郡（Wiltshire）田野角落的这只鲜血淋漓的猫头鹰，不知为何，似乎象征着必将在那一天、在整个欧洲负伤的不计其数的人。那一刻，我对人类恨之入骨。我决定不去选择那个容易的选项。我找到一块大石头，用它砸向这只猫头鹰的脑袋，杀死了它。我为它的煎熬做了个了结，但我感到很难受。时至今日，每当我想起那个时候，还是会感到难受。这样说有点儿没道理，可如果那只鸟是一只受伤的野鸡，我就不会这么难过。猫头鹰的力量就在于此。我们知道它不是人，但它和人一样形状的脑袋向我们的大脑发送信号，让我们对它产生比那些尖头尖脑的鸟类更强烈的认同感。我们人类在婴儿时期，对于母亲盯着我们的一双眼睛，会做出强烈的反应。我们的基因里已经设置好了会做出这样的反应，而且是不由自主的。因此，每当我们看向猫头鹰，它就会在我们身上触发一种特殊的反应，这就让我们对它产生了一种亲近感，虽然它其实是完完全全的异类。

我之所以决定写这本书，也许是想弥补那只受伤的猫头鹰所遭受的伤害。我想为广义上的猫头鹰做一些事情，去说明它们在生物学的角度上是多么迷人，它们的象征意义和神话又是多么丰富多彩，以此来赎罪。在接下来的篇幅中，我将为它们倾尽全力……

第一章

史前的猫头鹰

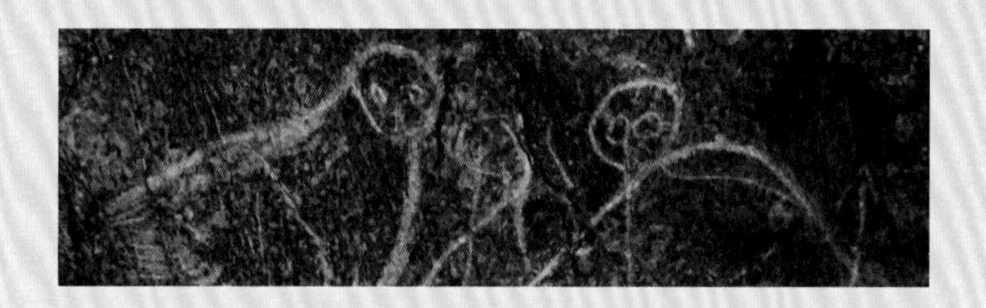

Chapter One　Prehistoric Owls

我们从化石遗迹中得知，猫头鹰作为一个独特的谱系，已经存在了至少6 000万年。因此，它们是已知的鸟类群体中最古老的一种，也拥有足够的时间来改进它们作为夜行猛禽极其独特的生活方式。

在它们漫长的统治时期里，直到最末期才遇到那个讨厌的入侵物种，也就是人类。幸而这次相会对它们造成的伤害比对其他很多鸟类要轻得多。它们很少像多数鸣禽（songbirds）一样被关进狭小的笼子里，或者像无数猎鸟（game birds）一样被人猎取，成为盘中餐。但和所有的野生鸟类一样，它们也忍辱负重，眼睁睁地看着自己的栖息地被大片大片地摧毁，自己的森林被大肆破坏，自己的猎物被杀虫剂毒杀。可尽管遭受了这番劫掠，它们依然在世界各地繁衍兴旺，而且几乎遍布陆地上的各个地区，除了极地荒原。

人类知道猫头鹰存在的最早证据，可以追溯到大约3万年前。1994年12月18日，三名洞穴探险家在法国东南部发现了一个隐秘的地下洞窟入口。他们把堵在入口的碎石拖走，挖出了一条狭窄的通道。他们钻过这条通道，发现一个巨大的岩洞，墙壁上布满了美妙的史前绘画。岩画艺术囊括了所有我们了如指掌的常见动物：野牛、鹿、马、犀牛、猛犸象以及另外一些大型哺乳动物，但这个新发现的岩洞的惊人之处在于，他们在洞穴深处还发现了一只雕刻的猫头鹰形象。

这是目前我们所知的最古老的猫头鹰肖像。它所描绘的鸟有一个宽大的圆脑袋，脑袋上伸出两簇直立的耳羽。眼睛也有所表现，但非常模糊，还有一个强健的喙。脑袋下面的翅膀通过 12 条左右的垂直线条清晰地展现出来，表示羽毛。图案高约 33 厘米，通过刻入黄赭石色洞壁的白色线条呈现出细节。雕刻线条有可能是用指甲用力划出来的，但更有可能只是使用了一根棍子或者某种工具。

幸运的是，这个形象在岩洞中的位置证明了它的古老。它所在的岩洞叫希莱尔洞（Hillaire Chamber），洞中央有一个巨大的火山口——地上的一个大洞，在远古时代沉了下去。猫头鹰的形象刻在这个洞口的突出部，它所在的位置人们如今已经无法伸手够到了。这个洞有 4.5 米深，火山口的直径有 6 米。洞穴底部崩塌，恰好把猫头鹰完好无损地保存了下来，毋庸置疑地证明了它不是现代的伪作。

人们满腔热情地认为，这最早的猫头鹰形象是一只大雕鸮（great horned owl）。这一点是没办法确认的，我们仅仅能够指出它确实有角，也确实是和猛犸象之类的冰河时代哺乳动物的形象一起出现的，这意味着它应该是一种非常大型的鸟类，才能熬过那段严寒。因此我们称之为大雕鸮，大概也不算异想天开。然而第二种主张却相当站不住脚。这种主张的观点是，史前艺术家非常擅长观察，他们注意到猫头鹰的脑袋可以旋转出很大的角度，这个形象是想表现从背后看到的鸟，它把脑袋转了过来，想要观察刚才身后是什么东西。提出这种主张的理由是，翅膀应该是在背后视角画出来的。这种可能是有的，但更有可能的是，这就和孩子画猫头鹰时一样，即使从鸟的前方来看，也会把翅膀这样画出来，因为这是一种简单的办法，来强调这是一只长有羽毛的生物。

抛开这些歪理邪说不谈，在现已以其发现者的名字命名为肖维岩洞（Chauvet Cave）的这个地方，这只独特的鸟儿，为人类艺术家与猫头鹰标志性的形态之间漫长的风花雪月故事提供了一个美妙的开端。[1]

法国肖维岩洞的顶部，用白色线条刻画而成，已有3万年的历史。

雪鸮一家：法国比利牛斯山三兄弟岩洞的顶部，用白色线条雕刻而成的、奥瑞纳文化时期的艺术。

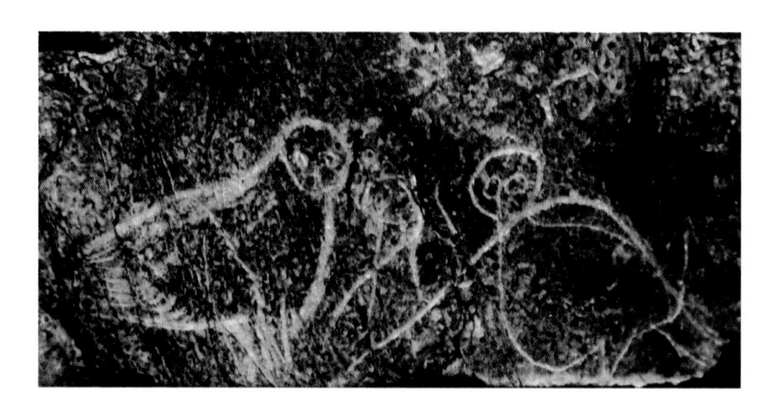

想要发现接下来的猫头鹰形象，我们需要前往法国西南部的比利牛斯山脚下，那里有一个叫作“三兄弟”的岩绘洞穴（Les Trois Frères Cave）。这个洞穴得名于三兄弟，他们是贝古昂伯爵（Comte Bégouen）的儿子，伯爵于1910年发现了它。这里的壁画比肖维岩洞中的壁画要晚上几千年，其中我们发现的猫头鹰不是一只，而是三只。它们似乎组成了一个家庭，中间是一只猫头鹰雏鸟，两边各有一只成鸟。人们认为它们是雪鸮（snowy owls）一家，大概是因为在这些充斥着各种冰河时代动物形象的岩洞墙壁上，它们是在一起的。如果识别正确的话，就意味着这个物种曾经出现在比现在远远偏南的地方，考虑到剧烈的气候变化，这一点并不算出人意料。[2]

在三兄弟岩洞往东大约30英里（约48千米）处，同样是在比利牛斯山脚下，还有一个名不见经传的勒波泰勒（Le Portel）岩绘洞穴。距离入口不远处的一号厅中有一只鸟的形象，简单的黑色轮廓，与一匹马和一只野牛离得很近，人们认为它是一只猫头鹰。[3]和肖维岩洞的情况一样，它是众多马、鹿、公牛和野牛中单个的形象。西班牙北部拉比尼亚（La

Viña）的岩洞墙壁上也有一个推测为猫头鹰的形象，还有三个旧石器时代的猫头鹰全身像的实例，两个来自捷克共和国的下维斯特尼采（Dolní Věstonice），由黏土和骨灰制作而成，一个来自法国比利牛斯山的阿济岭（Mas D'Azil），用兽牙雕刻而成。[4] 旧石器时代的猫头鹰形象基本上就是这些了。

关于为数不多的早期人工制品，最令人沮丧的一点是，我们无从得知制作他们的史前艺术家是如何看待它们的。由于它们极其稀有，解决这一问题更是难上加难。相比之下，法国岩洞墙壁上的野牛、鹿、马和其他大型被捕食动物，毫不夸张地说，已经有好几百头。早期的艺术家是如此沉迷于那些动物，原因显而易见。它们提供的肉能够让小型的人类部族熬过那时的极寒气候。但为什么会有猫头鹰呢？它们偶尔会在原始时代的饮食中客串，还是说它们具有某种我们永远不会知晓其本质的象征作用？如果我们想要去理解猫头鹰的象征意义，就必须去关注很久之后对这些鸟儿的描绘，而对于这些时代，我们对地方性的信仰和迷信确实有所了解。

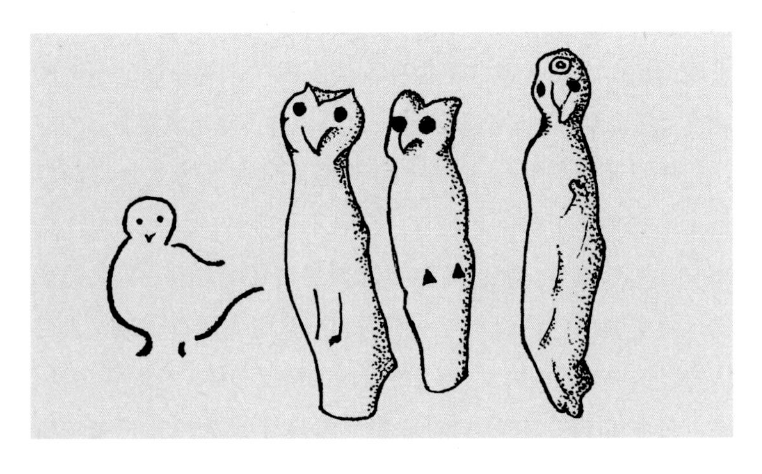

重绘的旧石器时代猫头鹰形象（从左至右）：法国勒波泰勒岩洞中画出的一只猫头鹰的轮廓；捷克共和国下维斯特尼采两只猫头鹰的小塑像；法国比利牛斯山阿济岭一只用兽牙雕刻而成的猫头鹰。

第二章

古代的猫头鹰

Chapter Two　Ancient Owls

中东和南欧的古代文明向我们展现了一些令人难忘的猫头鹰。

巴比伦

大约 4 000 年前，在巴比伦尼亚（现在的伊拉克南部），有一位艺术家制作了一块奇特的黏土浮雕，站在中央的是一位令人生畏的人形裸体女神，却长着猫头鹰的翅膀和双脚。为了显示出她的力量，她被刻画成脚踏两只瘦骨嶙峋的狮子。她的两侧是一对大猫头鹰，直挺挺地站立着，面朝前方，让人觉得它们是守护她的同伴，或者是她的使魔。

这件独特的艺术品曾经被认为是伪作，但现已被证明是真品。它向我们展示的这位女神的名字并不为人所知，但人们认出了她的多种身份，包括巴比伦的伊丝塔（Ishtar）、巴比伦的莉莉丝（Lileth）、迦南的阿纳特（Anat）、苏美尔的伊南娜（Inanna），还可能是伊南娜的姐姐、冥界女王埃列什基伽勒（Ereshkigal）。

因为学界尚无定论，所以大英博物馆仅仅称她为“暗夜女王”（The Queen of the Night）。无论她是谁，似乎都是多种猫头鹰女神中最初的一个。在这个阶段，她似乎完全是一个凶狠的肉食动物，结实的利爪近乎所向披靡，但在后来的化身中，她好斗的天性虽然依旧存在，却因获得了智慧而受到抑制，例如希腊的雅典娜（Athene）。

暗夜女王，又称博尼浮雕（Burney Plaque），黏土掺和稻杆后经煅烧而成的赤陶浮雕，美索不达米亚，公元前1800—前1750年。可能来自巴比伦尼亚（伊拉克南部）。

埃 及

虽然有可能找到一些精致的古埃及猫头鹰绘画，或者刻在墓室墙壁和建筑物上的猫头鹰浮雕，但令人惊讶的是，并没有埃及的猫头鹰神，古埃及语中甚至连猫头鹰的名字都没有。在古埃及的圣书体中，猫头鹰字形唯一的作用是表示 m 的发音或字母。这个字形有两个有趣的特征。其他所有的鸟，事实上还有其他所有种类的动物，被转化为象形文字时，都会以轮廓示人。这项严格的传统只在猫头鹰面前失效了，猫头鹰的身体也是以轮廓示人，但它的脑袋却旋转了 90 度，正对着观者。象形文字的书写者若想要完全澄清他所描绘的是一只猫头鹰，而不是其他什么猛禽，这可能是唯一的办法了。猫头鹰字形第二个奇异之处在于，这些鸟有时会以断腿的形象出现，仿佛是为了让它们不可能活过来发起攻击。

一只猫头鹰的象形文字，中王国时期一名王子Djehuty-nekht的外层棺材上的一幅画；埃及第十二王朝，公元前1991—前1876年。

尽管猫头鹰在埃及宗教中并没有像隼、朱鹭或者秃鹫一样扮演重要的角色，但我们知道它非常受尊重，以至于偶尔会享受被做成木乃伊的殊荣。人们已经从木乃伊遗骸中识别出了几种不同的物种，其中就包括仓鸮（barn owl）。

猫头鹰可能与人类的灵魂有着某种奇异的联系，这一点得到了暗示。在埃及人的想象中，灵魂是分成一个个部分的。有一种概念叫作 *ka*，它与创造性的、供给生命的能量——生命之力——有关。死亡之后，*ka* 驻留在坟墓中，在那里，它需要贡品来供养。[1] 还有 *ba*，它是人的非实体的灵魂；以及 *akh*，它是人死后继续存在下去的永生之灵，也是 *ka* 和 *ba* 相结合的产物。为了实现这样的结合，*ba* 需要移动，与 *ka* 汇合，而为了让死者的肉体在死后能够继续存在，*ba* 每天晚上都得回到坟墓。人们认为它以人头鸟的形式进行这样的夜行。有人指出，这种人头鸟“可能是源自经常造访坟墓的猫头鹰”[2]。怪里怪气、神出鬼没的猫头鹰，长着人形的脑袋，黄昏时分在坟墓附近飞来飞去，因此人们会觉得它就是 *ba* 在鸟身上的化身，这也就很好理解了。

拉美西斯时期的一幅猫头鹰象形文字画，约公元前1305—前1080年。

希 腊

各种古代文明中，猫头鹰作为具有象征意义的鸟为人所欣赏，这种欣赏在雅典人的希腊达到了顶峰。在这里，智慧与猫头鹰成了同义词。雅典是以其守护女神雅典娜的名字命名的，猫头鹰是她的圣鸟。从公元前 6 世纪到公元前 1 世纪，数百年里，雅典铸造的硬币一面是这位女神的形象，另一面是猫头鹰的形象。正是这种硬币引出了“硬币正反面”的概念，这在后来的很多硬币上流行开来。这些希腊硬币俗称“猫头鹰”，阿里斯托芬（Aristophanes）在他的剧作《鸟》（*The Birds*，公元前 414 年）中戏谑道，银枭币是最好的一种，因为它们“不会缺少，而且越来越多，钱要在口袋里作窝，孵出小钱来”*。

* 引自杨宪益译本。——译者注（后同）

作为雅典硬币原型的鸟被认为是纵纹腹小鸮（little owl, *Athene noctua*），它通常被描绘成埃及象形文字中的姿态，身体是侧面，面朝前方。在某些硬币上，它朝向正面，双翼张开。

有猫头鹰出现的希腊硬币中，最为知名的是四德拉克马（tetradrachm），也就是价值四个德拉克马（drachm）的银币，但它也出现在了很多面额的硬币上，其中包括十德拉克马和面额较小的二德拉克马、一德拉克马、半德拉克马、四奥波勒斯、二奥波勒斯、一个半奥波勒斯、一奥波勒斯（obol）、半奥波勒斯、三个四分之一奥波、一个半四分之一奥波、四分之一奥波、半个四分之一奥波。（在市场买东西时，计算找零这项艰巨的任务肯定能把人吓倒。）德拉克马是一种以重量为基准的货币单位。一希腊德拉克马等于 4.37 克。这些硬币延续了

雅典娜的猫头鹰，来自雅典的一枚希腊四德拉克马铸币，公元前109—前108年。

现代希腊1欧元硬币上的智慧女神雅典娜的猫头鹰。

下来，直至今天还在现代希腊以 1 欧元硬币的形式存在着——它的中央就是雅典娜的猫头鹰。近些年来，雅典娜的猫头鹰还出现在希腊纸币和希腊邮票上。它声名远扬，据说美国总统西奥多·罗斯福过去经常随身携带一枚雅典猫头鹰护身符。

在古代，猫头鹰也出现在很多希腊陶器上，尤其是公元前 4 世纪叫作猫头鹰双耳大饮杯（*glaux skyphos*）的小量杯。人们认为，杯子上有一只猫头鹰的形象，代表着它是古典时代雅典官方认定的测量器具。值得注意的是，卢浮宫有一个小型的希腊容器，上面展现的是持矛战斗的雅典娜女神。这个奇特图案的怪异之处在于，这里的雅典娜几乎完全化身为一只猫头鹰的形态。她身上的人类特征只剩下了双臂。这里的鸟不再是雅典娜的猫头鹰，而是成为女神本身。古希腊人似乎并没有确切地记录下雅典娜和猫头鹰之间这种密切关联的原因，由此引发了后世无穷无尽的学术争论。

一种猜想是，雅典娜有一个以史前美索不达米亚眼睛女神的形式存在的前辈。据我们所知，她是以一些小神像的形式存在的，它们基本上只有一个简单的身体，顶部是一双瞪得大大的圆眼睛。这些始于公元前 3000 年的神像，也许本身

普利亚大区红绘猫头鹰双耳大饮杯上的雅典娜女神形象。希腊红黑釉面陶瓷大酒杯，公元前4世纪。

所代表的并不是猫头鹰，但它们瞪大的眼睛很可能与猫头鹰的眼睛之间产生了一种对照，由此将雅典娜与这种类型的鸟联系在了一起。千年之后的公元前 2000 年，在古代叙利亚，长着猫头鹰脑袋的女神的黏土小雕像大量生产，因此雅典娜可能只是中东为数众多的猫头鹰女神中姗姗来迟的一位。

另一种观点认为，人们经常看见猫头鹰在女神的神庙，即雅典的帕特农神庙附近飞来飞去，它们的出现可能会让人视其为女神的圣鸟。事实上，这两套对立的理论并没有实质性的矛盾，反倒可以互相支撑。顺便提一句，猫头鹰在雅典一定是极其常见的，因为有“把猫头鹰带到雅典”这样一句谚语，它的意思和英语里的“把煤运到纽卡斯尔”一样。*

* 纽卡斯尔盛产煤，这里的两句谚语均为“多此一举”之意。

猫头鹰与女神还通过她的月经周期建立起了相当巧妙的联系。这番论证简而言之就是：猫头鹰是月光之鸟，月亮有月的周期，女神也有月的周期，因此猫头鹰与女神紧密联系。当事实记录不存在时，面对一个让人困惑的问题，人类的想象力真是不可思议。

长着猫头鹰脑袋的女神的黏土小雕像，来自公元前2000年的叙利亚。

鸣角鸮（screech owl）香水瓶，原型科林斯式赤陶瓶，公元前7世纪。

无论女神与猫头鹰之间最初的联系真相如何，毫无疑问的是，这种鸟类被雅典的希腊人视为一种能够给他们带来好运的图腾动物。例如阿里斯托芬在颇受欢迎的剧作《马蜂》（*The Wasps*，公元前 422 年）中，将雅典猫头鹰作为战斗中的吉兆提及，当雅典"开战之前，有一只猫头鹰在我们队伍上空飞过；于是，我们在众神的帮助下，在夕阳西下时，把敌人击退"*。

一种强烈的信念确实发扬了起来，以猫头鹰形态现身的雅典娜成为一个至关重要的标志，预示着希腊军队将会打胜仗。人们把它看得很重，甚至有一位希腊将军总是把一只猫头鹰藏在辎重中的一个笼子里，这样就可以把它放飞，让它在他的军队上空盘旋，为将士们带来确保胜利所必需的勇气。[3]"猫头鹰来啦！"这是雅典的一句俗语，意即"胜利在望"。[4]

在早些时期，与雅典匹敌的希腊城市——科林斯城邦——也在一些陶器上采用猫头鹰的形象，卢浮宫有一个著名的公元前 7 世纪的原型科林斯式香水瓶（*aryballos*）就是猫头鹰的形状。它的形状很特别，猫头鹰的脑袋转向一侧，仿佛制作它的那位科林斯陶工还在受着埃及的影响，在很大程度上模仿了象形文字中的猫头鹰，身体是侧面的，头转过来正对着观者。

* 引自张竹明译本。

猫头鹰还是希腊神话人物阿斯卡拉福斯（Ascalaphus）的化身形态。他是冥界的神祇，阿刻戎（Acheron）与俄耳菲涅（Orphne）之子，他把珀耳塞福涅（Persephone）吃过冥界一个石榴的事情泄露了出去。她被告知只有在冥界期间没有吃过任何东西，才能回到人间。她因为犯了错误而受到惩罚，便报复阿斯卡拉福斯，把他变成了一只猫头鹰。既然古希腊人这么尊敬这种鸟类，为什么变成猫头鹰会是如此可怕的命运呢？这个问题提得好。答案也很有意思，原来阿斯卡拉福斯并不是变成了随便什么猫头鹰，而是偏偏变成了一只鸣角鸮。鸣角鸮是冥王哈得斯的动物使魔，在神话用语中与在雅典受到尊敬的那种鸟类截然不同，后者是纵纹腹小鸮。奥维德笔下的鸣角鸮是“一种令人讨厌的鸟，人类的灾星，偷偷摸摸的鸣角鸮，不幸的先兆”。

阿斯卡拉福斯变成一只猫头鹰：是他向宙斯告密，说珀耳塞福涅吃过了石榴籽（于是她还得继续被监禁在冥府中），她为了报复，把具有变身能力的火河之水泼在他身上。

罗　马

在古罗马，雅典娜女神转化为密涅瓦女神。当罗马大军征服希腊时，他们要选出守护神，由于罗马的密涅瓦女神与希腊的雅典娜的特质几乎完全相同，他们便把后者的圣鸟借过来，化为己用。然而，投靠了密涅瓦之后，猫头鹰的日子也不那么好过了，因为罗马民众已经有了一种普遍的观念，认为猫头鹰是邪恶的动物、死亡的象征。

在罗马风行的一大迷信是说女巫会变成猫头鹰，突袭睡梦中的婴孩，吸他们的血，这种观念把猫头鹰划入了吸血鬼的世界。如果听到猫头鹰的叫声，就意味着女巫正在靠近，或者是有人快要死了。据称在尤利乌斯·恺撒（Julius Caesar）、奥古斯都（Augustus）和阿格里帕（Agrippa）临死之前，都有猫头鹰在叫。白天看见猫头鹰被认为是大凶之兆，如果能抓到一只猫头鹰，就会把它杀掉，把尸体钉在门上，用来保护房屋免遭危害。公元1世纪，科鲁迈拉（Columella）在论罗马农业的巨著中记述，乡下人会把猫头鹰尸体悬挂起来，专门用来避免风暴。

老普林尼（Pliny the Elder）在他的巨著《博物志》（*Natural History*，公元77年）中谈到了猫头鹰，说“如果看到它飞，不论是在城市里，还是在外面什么地方，都不是好兆头，而是预示着某种骇人的灾祸”。随后他又记录了在伟大的罗马城中心见到猫头鹰时出现的情况。这只猫头鹰进入了“罗马朱庇特神庙内绝对隐秘的圣域……于是乎……那一年的罗马城举行了大规模游行，以平息众神之怒，城市通过献祭得到了神圣的净化”[5]。

普林尼对这一切存疑，作为一名优秀的科学家，他记录说：“我本人就知道这样一些事例，猫头鹰落在了房子上，之后那里却没有灾祸降临。”事情的确如此，但或许古罗马人恰恰享受他们发明的驱邪献祭以及其他辟邪仪式所带来的刺激。然而有一点似乎是肯定的，在那遥远的时代，栖身在房子上的猫头鹰比我们当今看到的要多得多。交通噪声和路灯灯光把它们都吓跑了。

一些罗马人坚信猫头鹰的叫声预告着死亡即将来临，他们会想方设法抓住这只鸟，把它杀掉，以期借此抵消这个预言。即便这只倒霉的鸟儿已经死了，人们还是会担心它具有起死回生的超自然力量，因此会把它的尸体火化，把骨灰撒入台伯河（River Tiber）。

猫头鹰还被认为是在亡者坟墓上跳舞的巫师们的使者。猫头鹰经常造访墓地，在月明之夜，人们也许会看到它们俯冲扑向一只毫无戒备的老鼠，而实际上抓住老鼠的这个动作，可能会被理解为某种舞蹈，因此不难猜到上述的观念是如何产生的。

猫头鹰，或者说是一部分猫头鹰，曾经被用在魔术实践中。人们认为，如果可以把猫头鹰的羽毛放在睡着的人身上而不惊醒他们，就能发现他们的秘密。如果你恰好正在异国他乡旅行——这在古代可是一项危险的事业——又倒霉地梦见了猫头鹰，那么你就要遭遇某种灾祸了，比如抢劫或者海难。

中　国

在中国，猫头鹰的形象吸引了一个繁盛在公元前 1 000 多年的伟大文明的关注。商朝（约公元前 1500—前 1045 年）的艺术家们创作了这些世界上迄今为止最为精致优美的青铜像。其中有很多气度不凡的猫头鹰，隐藏在极其复杂的切割图案和浮雕设计下。它们一般来自公元前 1200 年前后，采取了令人赏心悦目的小型青铜盛酒器的形状，被称为“尊”。[6]“尊”被认为是在祖先崇拜的典礼上使用的。这些猫头鹰稳稳当当地坐在由两条腿和坚硬的尾部底座组成的三脚台上，瞪着大大的眼睛，脑袋上立着两簇耳羽，胸前是一只公牛头的浮雕花纹，而诡异的是，它的双翼呈现为一对蛇形螺旋。猫头鹰身体的背部装饰着一对好似猛禽的鸟，长着凶残的弯喙。这只鸟的头部是一个可以拿开的盖子。下页所示的例子中，头顶有一个把手，便于提起。把手本身也做成了一只小鸟的形状，长着长长的尖喙和小小的羽冠。这只小鸟仿佛是从猫头鹰的冠冕中显现出来的。

这些非同寻常的猫头鹰雕像，有很多都是从那些古代封建王国有城墙保护的城镇的墓地中发掘出来的，制作过程中使用的青铜金属的重量明确、直接地反映出了社会的丰饶富足。那个时期没有留下什么记录，能让我们确切地理解这些猫头鹰的象征意义，人们也提出了几种互相矛盾的观点，来解释它们为何受人青睐。其中最可信的观点认为，把猫头鹰放在漆黑的坟墓中，是为了在坟墓主人通往来世的旅途中保护他们。

（左页图）商朝晚期一个猫头鹰形状的青铜尊（酒器），约公元前1200年。

猫头鹰在黑暗中能够看得清，还能击杀猎物，它们察觉到危险的能力应该会强于其他任何生物，并且会安静、迅捷地应对险情。因此猫头鹰可以与死者的灵魂一起飞行，将他们安全地引领至来世。当时的人们或许认为盘曲蛇形的双翼能够在黑暗中扑动，用致命的毒液打倒恶灵。我们永远不会确切知晓，除非有新的出土文物来揭示那个古老时代的一些失传已久的记录。

在大约1 000年后的道家时代，中国古人并不把猫头鹰视为睿智的老朋友，而是凶暴、骇人的形象——黑夜里的邪恶猛禽。由于某种原因，人们认为它是怪物，小猫头鹰会把妈妈的眼睛啄出来，或者把她吞吃掉。据说出生在“猫头鹰之日”（夏至）的中国孩子性格暴躁，甚至可能会杀害自己的母亲。

或许是中国猫头鹰的暴躁性格把它与狂风暴雨联系在了一起。道教中的雷公是半猫头鹰半人身的怪物。他长着猫头鹰的喙、翅膀和爪子，但身体是人的。他的职责是惩罚偷偷犯罪的人。中国的猫头鹰还与闪电有关联，因为据说它“照亮了黑夜”，有一种古老的风俗是把猫头鹰雕像放在家里的各个角落，保护房屋不被闪电劈中。

哥伦布之前的美洲

猫头鹰经常出现在古代美洲人的艺术中，从古老的北美洲岩石艺术到秘鲁的彩绘陶艺。尤其是公元 100—800 年秘鲁北部兴盛的莫切（Mochica）文化，给我们留下了丰富多彩、引人入胜的猫头鹰陶器。在莫切文化中，猫头鹰是一种重要

弗里蒙特（Fremont）印第安人岩石艺术：犹他州九里峡谷（Nine Mile Canyon）一只展翅的猫头鹰。

且复杂的象征物，一方面代表智慧和一种神奇的治愈良药，另一方面代表仪式中被斩首的战士和亡者的灵魂。正因如此，猫头鹰永恒的矛盾——智慧与邪恶——在同一种文化里并存。扮演智慧的角色时，它被视为人类形象，在夜晚的仪式中化身为相对应的动物，这时它身为一只超自然的猫头鹰，可以在黑暗中神奇地看清东西。扮演邪恶的角色时，它是一名置人于死地的战士，在作战与捕猎之间形成一种象征性的对比。

因此可想而知，当它表现在陶艺中时，是以两种姿态呈现的——以引人注目的写实形态呈现的本来面目，以及戴着猫头鹰面具、披着猫头鹰翅膀形状的斗篷的恶人形态。以戴面具的形态出现时，有时会拿一根大棒，有时会拿一颗人头和一把刀，因为这是猫头鹰战士、捕猎者、杀手。例如有一只猫头鹰用翅膀携带着一个人，对此的解释是，一个献祭的牺牲者在一场仪式性的杀戮后，被带到另一个世界去。[7]

犹他州罗切斯特河（Rochester Creek）一块岩板上，兽群中有一只长角的猫头鹰。

因此，在伟大的古代诸文明中，猫头鹰已经在神话传说中扮演了重要角色。从中东的巴比伦和埃及，到早期欧洲的希腊和罗马，再到遥远的中国和南美洲，猫头鹰的形象被人们辛辛苦苦地锻造、雕刻和打磨着，它的名字也永远地留在了当地的民俗中。由此看来，这些极其迷信的人几乎注定会认为这种标志性的鸟类的身体各部位具有魔力，这正是我们即将在下一章看到的。

猫头鹰面部形态的莫切金珠。

猫头鹰形状的莫切文化彩绘陶器。秘鲁北部。

第三章

药用的猫头鹰

Chapter Three Medicinal Owls

在早先的数世纪中，科学的医学实验尚未开展，庸医们白白害死了很多动物，他们认为这些可怜的动物身体的某些特定部位会治疗与之相对应的人类疾病。猫头鹰也不例外，它的身体部位被认为能够治疗病痛，这些病的范围之广简直令人难以置信。就连威廉·莎士比亚（William Shakespeare，1564—1616）也为这荒唐事添了一把火。在《麦克白》的开场，邪恶的女巫们一边熬制毒药，一边喊着：

壁虎眼，蛤蟆脚，
恶狗舌，蝙蝠毛，
蝮蛇的叉，盲蛇的刺，
蜥蜴的腿，枭鸟的翅。*

莎士比亚主要的竞争对手本·琼森（Ben Jonson，1572—1637）也不甘落后。当他想要调制一剂药时，他提出用：

鸣角鸮的蛋和黑羽毛，
青蛙的血和背上的骨。

稍早些时候，在15世纪的医学和生物学纲要《健康花

* 引自梁实秋译本。

园》（*Hortus Sanitatis*）中，记录了一种治疗疯病的办法，包括把一只猫头鹰的骨灰放到疯子的眼睛里。尝试此种疗法，无疑是基于这样的原理，认为猫头鹰的智慧眼光可以通过这种方式注入疯子激烈扭曲的视界。在印度，也有一种相关的观点，认为吃猫头鹰蛋可以提高夜视能力。切罗基印第安人（Cherokee Indians）更愿意用含有猫头鹰羽毛的水给孩子洗眼睛，以这种方式赋予他们彻夜不眠的能力。

生吃猫头鹰蛋可以治疗醉酒的人，这是最奇异的一种医学观点了，并且持续了数世纪。约翰·斯旺（John Swan）在 17 世纪编纂的《世界之镜》（*Speculum Mundi*）中评论道："有些人说，把猫头鹰蛋打碎，放到醉汉或者渴望续杯的人的杯子里，就会在他身上起作用，他会突然厌恶上好的烈酒，喝酒会让他感到不悦。"[1] 之所以会形成这样的看法，可能是因为猫头鹰是一种勤奋好学、一本正经的鸟类，人们觉得它是节制饮酒的典型，因此下的蛋也是节酒的。所有这些庸医疗法的令人困惑之处在于，它们寸功未立，为何存在了如此之久，当然了，除非有暗示的力量在起作用。"猫头鹰蛋治醉汉"的主题还有一个变种，就是反反复复地把蛋用一杯杯红酒入药。乍一看，这个版本的疗法似乎有一个最根本的缺陷，但再一看，或许是蛋让红酒变得难以下咽，以至于连这种方法最终都奏效了。

如果这个醉汉纵酒到了患上痛风的地步，据称他可以把一只猫头鹰身上所有的羽毛拔掉，腌上一个星期，然后把它放在壶里，盖上盖子，在炉子里烤干，这样就能治好这种令人痛苦的疾病。这只被烤干的猫头鹰之后被碾成细粉，与野猪油混合，制成药膏。如果涂在痛风病人身上的“伤心地”，药膏很快就会让他康复。正如曾有人言，没有药用价值的动物才幸运。

据说煮沸的猫头鹰油脂同样有用，可以消除身体的疼痛。中风患者用温热的猫头鹰血或者温热的猫头鹰心脏按摩面部，很快就会康复。浸在油里的猫头鹰血可以去除头虱。脱水、捣碎的猫头鹰嗉囊可以治疗绞痛。猫头鹰的胆汁可以治尿床。把猫头鹰骨髓浸在油里，滴进鼻子，可以治偏头痛。如此种种。有这么多不得要领的治疗方法存在，猫头鹰竟然还没有灭绝，堪称一大奇迹。

不仅如此。甚至还有更加匪夷所思的建议，让你杀一只猫头鹰，把心脏掏出来，放在睡着的女人的左侧乳房上。在这种情况下，这颗心脏会发挥吐真剂的作用，让这个女人吐露出深藏的秘密。不这样做的话，你还可以带着猫头鹰的心脏走上战场，它会让你在战斗时更加强大。或者如果你把猫头鹰的脚爪和蓝雪属药草一起烧掉，这样就会保护你不被毒蛇咬。普林尼在公元 77 年提到了上述所有被信以为真的疗法，却也不辞劳苦地把这些东西斥为弥天大谎。

在英格兰，约克郡（Yorkshire）的人们曾经熬制猫头鹰汤治疗百日咳。此举是基于这样一种观点，如果猫头鹰可以毫无痛苦地一直叫唤，那么经过交感魔法的处理，猫头鹰汤的特殊功效就会带走病人的痛苦。在其他地方，人们认为月亮渐亏时熬制的猫头鹰蛋汤可以治疗癫痫。因为猫头鹰沉着冷静，常常一动不动地栖息着，所以人们认为，喝下它们的精华，就可以止住癫痫发作时狂乱的动作。

基于猫头鹰的药物疗法中，最古怪的或许是来自德国的一种，它说的是如果你把猫头鹰的心脏和右脚爪放在左侧腋窝下，就能不被疯狗咬，不得狂犬病。我们带着这种珍贵的药材走进了《巨蟒》（*Monty Python*）* 的世界，但这还只是开了个头而已。

* 指无厘头喜剧电影《巨蟒与圣杯》（*Monty Python and the Holy Grail*，1975），由英国六人喜剧团体“巨蟒”（Monty Python）主演。

《巨蟒与圣杯》海报。

想要用猫头鹰疗法塞满整本书也是有可能的，这些疗法虽然毫无用处，人们却在早先的数世纪中狂热地运用着。正如我们在这里所做的那样，把它们放在一起来读，便会对出生在这样一个科学的时代充满感激，在这个时代，向心急如焚的患者提供任何药品之前，都必须进行对照试验。我们生病时是最容易轻信的，过去的庸医和江湖骗子正是利用了这一点，甚至到了令人难以置信的程度。猫头鹰也应该感谢现代医学让它们的身体部位变得不那么招人垂涎了。我们也许正在砍伐它们的森林，但至少没再把它们的身体部位放在腋窝下。

第四章

象征性的猫头鹰

Chapter Four Medicinal Owls

邪恶的猫头鹰

几千年来，猫头鹰一直被视为一种恶灵，悄无声息地漫游在夜空中，寻觅着人类牺牲品，决意要伤害他们。它那骇人的叫声加深了这种印象，经常给它扣上厄运、毁灭和死亡使者的帽子。因为它只在夜间出来，而且即便是在这个时候，它仍然怪异地保持着安静，使我们联想到藏身于黑暗中的那些鬼鬼祟祟的罪犯、盗贼或者杀人犯。我们已经见识到了，对古罗马人来说，猫头鹰的生活方式就意味着它要被视为令人畏惧的死亡使者。与无害、无罪、消灭害虫的猫头鹰之间这种完全不合理而又让人郁闷的关系，并不是古罗马人的专利，其他很多文明也有同样的状况。

《圣经》就对猫头鹰恶意满满。《旧约》中提到猫头鹰 16 次，大都不是什么好词儿。最开始，猫头鹰被认为是不洁净的，所以不许吃。在《申命记》14 章中，有训令“凡可憎的物，都不可吃”，猫头鹰就属于可憎之物一类。事实上，在不洁净的鸟类名单上，猫头鹰被单独拿出来，受到了特殊对待：“猫头鹰、夜鹰、杜鹃、鹰与其类。小鸮、大鸮、天鹅……”* 《圣经》就像是为了确保不被误解，还加上了小鸮和大鸮，以免让某些饥肠辘辘、以鸟为食的人钻了空子，觉得某些种类的

* 和合本作“鸵鸟、夜鹰、鱼鹰、鹰与其类。鸮鸟、猫头鹰、角鸱”。

猫头鹰不包括在内，可以端上餐桌。

在《以赛亚书》13 章中，我们发现，当巴比伦即将受到天罚，无人可居时，“只有旷野的走兽卧在那里，咆哮的兽满了房屋；猫头鹰住在那里 *，野山羊在那里跳舞”。再往后一点，在《以赛亚书》34 章中，我们发现猫头鹰再次被描述为必然要占据敌人的土地，“成为烧着的石油”的土地。这土地一旦荒废，“鹈鹕、箭猪却要得为业；猫头鹰、乌鸦要住在其间……要作野狗的住处，猫头鹰的居所 ** ……鸣角鸮必在那里栖身 ***，自找安歇之处。猫头鹰要在那里作窝 ****，下蛋、抱蛋，生子，聚子在其影下……”

* 和合本作“鸵鸟住在那里”。

** 和合本作“鸵鸟的居所”。

*** 和合本作“夜间的怪物，必在那里栖身”。

**** 和合本作“箭蛇要在那里作窝”。

基督教中的猫头鹰一开始就不吉利，这在之后的数世纪中对它的形象产生了持久的影响。在 13 世纪的欧洲，人们把

《鲁特瑞尔诗篇》（*The Luttrell Psalter*）中的猫头鹰、猴子和山羊，约公元 1340年，线条画。

猫头鹰和山羊、猴子画在一起，是为魔鬼三人组。在14世纪一本收录了圣诗、赞美诗和祈祷文的诗集中，有这样一张讽刺画，画的是一名骑士出门放鹰捕猎，却用这三只异教的动物代替了贵族老爷、他的骏马和他的鸟。这张图画的是一只猴子骑着一只山羊，戴着手套的拳头上蹲着一只猫头鹰。

早期的动物寓言集里言及猫头鹰，没有一句好话。其中一本里面说，鸣角鸮是"一种讨厌的鸟，因为它的窝被粪便弄得很脏，正如罪人通过败坏名誉的行为，让所有和他居住在一起的人名誉扫地。它……简直懒到家了，也正是这种懒惰，让那些慢吞吞、懒洋洋的罪人一谈到行善就懒得动"[1]。事实上，猫头鹰在夜里非常积极地为人类"行善"，有效地消灭啮齿类害兽，而这段话的作者显然对此一无所知。

在中世纪的某些基督教神学家手里，猫头鹰有一种稀奇的用处。他们认为，这种鸟类作为一种夜行动物，是犹太人的象征。他们说这是因为犹太人更喜欢他们自己信仰中的黑暗，而不是基督教中的光天化日。这种中世纪反犹主义背后的智囊非常狡猾，甚至可以把围攻一只猫头鹰当作文明基督徒进行正义集合、攻击一名犹太人的示范。

在16世纪的英格兰，我们最伟大的剧作家也为维持猫头鹰的恶名出了力。在《麦克白》中，莎士比亚让麦克白夫人把锐叫的猫头鹰说成是"恰似那凶兆的更夫来说了一声最惨淡的夜安"。在《仲夏夜之梦》中，扑克说叫声嘹亮的鸣角鸮"使得病人僵卧在床上，想起死亡的来到"。他继续道，"现在是午夜的时辰，坟墓全都大张着口，一个个地放出游魂，在坟地的路上行走"，这或许暗示了行走的游魂和坟地的猫头鹰是一回事儿，猫头鹰和猎食的吸血鬼一样，住在坟墓里，直到“子夜时分”，它们会扑扇着德古拉一样的翅膀，飞到外面去。

* 这两句引文都不是恺撒说的，而是Casca这个角色说的，梁实秋译本译为“喀司客”。见第一幕第三场。

在《亨利六世》下篇中，莎士比亚让国王像古罗马人一样说出了一句意味深长的台词：“你生的时候鸦枭锐叫，一个不祥之兆……”在《恺撒大帝》中，他又巩固了自己对于猫头鹰在罗马传说中的角色认知，让恺撒说“昨天大晌午的时候一只猫头鹰落在市场上，凄厉地大叫”，恺撒将其归为“不祥之兆”。*

猫头鹰与死亡之间的紧密联系激发了17世纪一名艺术家的灵感，他创作了一幅令人久久不能忘怀的维尼塔斯（*Vanitas*）风格作品，画的是一只猫头鹰栖息在一个人的骷髅上。骷髅旁边是一个烛台，烛台上渐熄的烛火富有象征意义。“维尼塔斯”这个术语是虚无的意思，这一类的画作意在强调虚无以及生命本身稍纵即逝的本质。画中通常有一个骷髅，以及使人联想到终有一死的物件，例如正在腐烂的水果、沙漏和昆虫。在这幅作品中，这位佚名画家让令人畏惧的死亡使者——一只瞪视的猫头鹰——栖息在骷髅上，借此让场景变得更加阴森、不祥。

沃尔特·司各特爵士（Sir Walter Scott，1771—1832）在诗歌《古盖尔人的旋律》（*Ancient Gaelic Melody*，1819）中延续了这个主题，他在诗中提到了“预兆着黑暗与污秽的鸟，夜啼鸟、渡鸦、蝙蝠和猫头鹰”，请求它们“把病人留在他的梦里——彻夜听你们尖叫”[2]。

这一时期，很多猫头鹰的形象都清晰地反映出了猫头

(左页图)《猫头鹰、骷髅和蜡烛》(*Owl, Skull and Candle*)，17世纪某位佚名荷兰或德意志画家的维尼塔斯风格作品，画板油画。

鹰与巫术之间的联系。更常见的是由与猫头鹰匹敌的夜行杀手——猫——来充当女巫的使魔，但偶尔也会由猫头鹰来代替猫，女巫在夜空中飞行时，它有时就会被描绘成平静地搭乘着女巫的扫帚柄。

我们步入了现代，邪恶的猫头鹰也开始丧失力量，却依然潜藏在一些黑暗的角落里。当一种古代的邪恶象征开始衰微时，它往往会从严肃的信仰转变为滑稽的消遣。万圣节就是一个很好的例子。它起初是庆祝凯尔特新年的异教活动，当生者与亡者之间的界线变得模糊时，有那么一小会儿，亡者会变得很危险，而生者就会模仿恶灵，去抚慰他们，从而保护自己。今天的孩子们以此为契机，打扮成食尸鬼或者巫婆，去吓唬大人。昔日庄严的仪式，已经变得和轻松的哑剧没什么两样了。万圣节装扮的形象全都是些鬼魂、小妖精、僵尸、恶魔以及其他一些现代恐怖样式的怪物。有一种邪恶的动物与这些恶灵为伍，充当女巫的使魔，它就是猫头鹰。

如今，我们可以买到一顶宽松的女巫帽，有足够的空间让一只猫头鹰在里面作窝。猫头鹰从帽子里露出脸来，这样就能让古时候邪恶猫头鹰的旧传统保持生机。现在这可能只是玩笑，可这个玩笑的背后却有着一段漫长的历史，并且体现出人们虽然不再把邪恶的猫头鹰当作死亡与毁灭的预兆严肃对待，却也未曾将它彻底遗忘。

顽固的猫头鹰

（左页图）满月时分，一个西班牙女巫正在往家赶，她的猫头鹰使魔栖息在扫帚柄上。

17世纪，猫头鹰有一种新的象征流行起来，那就是顽固的猫头鹰。它出现在1602年，之后又在1635年出现，那是一张铜版画，画中猫头鹰的视力会随着光照强度的增加而显著衰减。画中的猫头鹰戴着眼镜，两只爪子各抓着一支燃烧的火炬。它身前立着一对烛台，上面的蜡烛烧得很旺。天空中，太阳的光芒倾泻在这个场景上，它的寓意是，如果一个人抱持着盲目的偏见，那么再多的教化规劝也无法让他看清自己的愚行。事实上，摆在他面前的论证越是有理有据，他的偏见就越会冥顽不化。上面的警句意思是，盲目之人看不见身边的光亮。这幅寓意画下面的诗是这样开头的：

猫头鹰象征光亮中的盲目：乔治·威瑟（George Wither）《古今寓意画集》（A Collection of Emblemes, Ancient and Moderne，1635）中的一幅铜版画。

有人觉得猫头鹰，
白天根本看不清，
光的亮度越是增加，
它们的视力就越差。
蜡烛、火炬、正午太阳，
眼镜，或者全部用上，
白天的猫头鹰眼神还是不行，
可到了晚上却看得比谁都清。[3]

17 世纪晚些时候，顽固的猫头鹰再次出现在一份著名的荷兰印刷物中，上面画的是奥利弗·克伦威尔 1653 年解散英格兰议会的场景。由于议员们认为无需改革，克伦威尔大为光火，冲进议事厅，把他们大骂了一顿，骂他们是醉鬼、嫖客、腐败和无信义之人。在 40 名步兵的帮助下，他把议员们赶出了议事厅，对其中一些人动了粗。在这份荷兰印刷物中，

议会上的猫头鹰：一份荷兰印刷物展现了奥利弗·克伦威尔于1653年4月19日解散英格兰残缺议会的场景。解散之后，克伦威尔成为护国公，独揽大权。

我们看到他们正在被赶出来，领头的是一只猫头鹰，戴着眼镜，套着一个铁制的大颈圈，上面有一支点燃的蜡烛。在这个富有戏剧性的场景中，之所以用猫头鹰，是为了强调离开议事厅的议员们是盲目的，虽然受到了再三的请求，却还是认识不到进行改革的必要性。猫头鹰再次被用作冥顽不化、视而不见的象征。

作为坐骑的猫头鹰

在亚洲的印度教中，猫头鹰具有复杂的二元象征意义。它的主要任务是作为瓦哈那（*vahana*），也就是女神骑乘的一种神圣坐骑。这里我们所说的神是财富与幸运女神——吉祥天女（Lakshmi），她的猫头鹰在梵语中叫作 Uluka，或者 Ulooka。尽管猫头鹰与女神有这样的关系，但总的来说，印度人还是不待见它，把它视为一种预示凶兆的鸟，厄运的使者。他们认为，如果猫头鹰造访一座房子，就会有不祥之事降临在那里。

人们认为猫头鹰的生活方式与众不同，包含着孤独、恐惧和疏离。就此而言，据说它们和大富豪很像，那些人也与平凡的日常生活格格不入。因此当猫头鹰以吉祥天女坐骑的身份存在时，便一直都在提醒她，虽然她代表着巨额财富，可同时也必须防范巨额财富的陷阱。她必须要代表慷慨的财富，或者心灵的财富，摒弃孤独守财奴的自私自利。一年中一个特殊的夜晚，当女神下凡探访穷人、把贫穷的黑暗带走

一张印度大众印刷品中的吉祥天女和她的猫头鹰。

时，她骑着大白猫头鹰，因为她的坐骑是一只夜行性的鸟，知道最黑暗的地方，可以把她带去那里，于是她就可以在那里行最大的善。

令人困惑的是，在印度北部城市卢迪亚纳（Ludhiana），每年的排灯节（Divali），人们都要把猫头鹰抓来杀掉，敬奉吉祥天女。当地的头条是这样写的："排灯节是卢迪亚纳猫头鹰的末日。不幸的鸟儿被当作祭品来安抚吉祥天女。"抓猫头长腿猫头鹰，20世纪中期印度孟买当地艺术家制作的黄铜雕像。

鹰的人可以把鸟儿卖给遭遇财务问题的人，还有这样一些人，他们相信献祭猫头鹰能够取悦这位幸运女神，然后她就会为他们解决问题。一份报告声称，每年都有“幻灭的企业家”与这些抓猫头鹰的人交涉，请求他们用猫头鹰身体的各个部分——肉、喙、爪、羽毛和血——施展妖术。把吉祥天女在天上来来去去所依赖的这种鸟杀掉为何会取悦女神，这完全没法搞清楚。对猫头鹰进行仪式性的屠杀，夺去她神圣的坐骑，按理说她应当难过或者生气才对，所以说在印度教中猫头鹰的矛盾角色上，这又是一团乱麻。

在很多印度人看来，猫头鹰还象征着懒惰，因为它们好像总是懒懒散散、无所事事的样子。如果丈夫不做自己分内的家务活儿，妻子就会说他“像猫头鹰一样懒散”。然而如今在印度售卖的一个猫头鹰小黄铜雕像，看上去却格外活泼，仿佛要一跃而起。

总的来说，在印度，对猫头鹰的种种态度更接近邪恶之鸟的古老观点，而不是智慧之鸟。然而，与此同时，Uluka 也被视为受人爱戴的幸运女神可靠的坐骑，甚至偶尔充当她的伴侣湿婆（Shiva）的坐骑。像这种奇妙的模棱两可，在印度教的其他方面也并不陌生，西方人之所以觉得它的教义很难领会，这可能也是其中一个原因。

智慧的猫头鹰

如今，对于猫头鹰，最流行的观点是把它视为一只友善、智慧的老鸟。如我们所见，作为巫师和厄运使者的猫头鹰，已经在很大程度上被放逐到了迷信的往昔。通过博物学书籍和电视节目，我们对当下鸟类生活中的不可思议之处简直再熟悉不过了，根本无法把猫头鹰视为鸟中异类以外的任何东西，即便是在想象中。然而，当我们把科学客观性抛在一边，沉湎于浪漫的小幻想时，便不得不从一个更加温和的角度来看待猫头鹰了。

我们选择智慧作为这种独特的鸟类的特质，仅仅是因为它头似人形。宽大的脸盘上，一双严肃的大眼睛向我们眨着，让我们觉得它和我们一样，脑子里塞满了较高级的中枢，因此智力水平要远超其他鸟类。它可以是只鸟，但它的脑子不是鸟的。因此，在不计其数的神话传说和荒诞故事中，猫头鹰被刻画成巧思的象征。拉封丹（La Fontaine）的老鼠和猫头鹰的故事就是一个典型例子。[4] 这个故事讲的是，有一只聪明的猫头鹰住在一棵空心的松树上。树洞里——

住着很多没有脚的老鼠，
它们给喂养得胖胖乎乎。
猫头鹰啄下了它们所有的脚，
又用一堆堆麦子把他们喂饱。
猫头鹰这样做无疑有他的理由，
那是他第一次出去狩猎的时候，
他用爪子活捉了这些坏蛋，
把它们带回到自己家里面，
这群机灵的小动物却能逃跑。
下一次他决定不让它们跑掉，
他啄掉它们的脚，并愉快地认识到，
他可以在闲暇的时候把它们吃掉；
不可能一口气全吃掉，
身体也不可能吃得消。
他和我们一样有长远打算，
通过备食这件事就能体现。

老鼠和猫头鹰：J.J.格朗德维尔（J. J. Grandville）为1841年出版的让·德·拉封丹《寓言集》（*Fables Choisies*，初版于1678年）所作的镂版画。

这里的寓意是，猫头鹰运用了和我们类似的推理能力，能够发展一种畜牧业，养活没有腿的老鼠，把它们养肥，因此，夜间狩猎无功而返时，就可以把它们当大餐了。拉封丹为这首诗加了一个注释，坚称这是基于观察到的事实。由于这明显荒谬透顶，因此这样的断言如何产生，倒是个值得一探的问题。在这类事例中，往往存在着事实的散片，组合在一起时就会超出各个部分的总和。据称有些猫头鹰会把一些刚杀死的、吃不完的啮齿类动物储存起来，留待以后食用。也有记载说有些老鼠会装死，被猫头鹰抓住时一副半死不活的样子，为的是趁它放松钳制时奔向自由。还有第三种说法，说人们观察到猫头鹰把捕鼠器困住的老鼠的腿咬断，先放了它们，再吞掉它们。

如果把这三点各自独立的事实——把老鼠放在贮藏所储存起来，发现它们被抓到之后有时还活着，把它们被困住的四肢咬断、从金属捕鼠器中放出来——结合在一起，离创作出一个猫头鹰变成聪明的家畜饲养员的剧本就不远了。事情往往就是这样：即便是在关于动物行为的最奇异的故事里，也有几分真实，也正是这几分真实，说明了一个虚构的故事是如何诞生，之后又得以发展丰满、自成一体的。

将猫头鹰视为聪明绝顶的鸟类，这种浪漫的想法已经有2 000多年的历史了。如我们所见，这种想法一开始在古希腊属于主流，但我们并不清楚，是由于对古希腊的尊崇、对古希腊社会的学术知识的增长，使得它在现代兴盛，还是由于维多利亚时代对动物态度的巨大转变，使得它独立发展了起来。正是在那个时候，也就是19世纪，动物福利首次成为一个大问题，建立了专门的社团来保护动物不被虐待，呼吁人们进一步关爱其他物种。

不论到底是哪种情况，维多利亚时代的人们确实普遍把猫头鹰视为智慧而不是邪恶的鸟类。在1875年的《笨拙》（*Punch*）杂志中，有这样一段韵文：

> 有一只猫头鹰，在一棵橡树上生活
> 他听见的越多，说的越少，
> 他说的越少，听见的越多——
> 啊，人人都应该学习那只聪明的鸟。[5]

在现代，智慧、友善的猫头鹰依然在特殊场合作为象征物出现。在苏格兰的婚礼上，有时会需要一只活的猫头鹰在场，它的任务是把婚戒送到伴郎手中。仪式开始时，猫头鹰蹲在教堂后面的栖息处，和驯兽师在一起。管伴郎要戒指时，他要转过身来，猫头鹰也会被放飞，静静地飞到教堂另一头，落在他的胳膊上。它的一条腿上系着一根皮带，上面挂着要交给新娘和新郎的两枚婚戒。伴郎把婚戒解下来，交给主持婚礼的牧师。通过这种方式，当新婚夫妇戴上戒指时，他们会觉得受到了猫头鹰智慧的祝福。

必须申明一个令人难过的事实，从科学的角度讲，猫头鹰并不是最聪明的鸟类。它的智慧仅仅是外貌制造出来的幻觉。动物的智力与生活方式有关，机会主义者总是比专家更聪明。机会主义者——乌鸦之类的鸟——没有具体的生存策略，每天必须凭借自己的智慧，想方设法活下去。

苏格兰法夫（Fife
巴尔格尼城堡
（Balgonie Castle
婚礼上的猫头鹰
2008年10月8日。

仅举一个例子，对于用喙撬不开的硬壳坚果，乌鸦学会了往大马路上丢，来往的车辆会碾过去，把坚果碾碎。乌鸦甚至还学会了把坚果往人行横道上丢，这样一来，当交通停下来时，它就可以把碾碎的坚果收走，自己也不会被碾到。根本无法想象猫头鹰能表现出这样的智力水平。和所有的猛禽一样，猫头鹰进化出了高度专门化的感觉器官和完善的身体素质，从而成为高效的杀手，以至于无须面对机会主义者每天的生存难题。像蛇一样，它可以袭击、进食、休息。

辟邪的猫头鹰

猫头鹰还有另外一个象征性的角色。在这个角色中，它的品格是正是邪并不怎么重要。这是因为猫头鹰如今正扮演着守护神的角色，假如你身边有这种辟邪的猫头鹰，你并不会太在意它到底是魔鬼还是学者，只要它能保护你不被袭扰就行。

过去有几种不同的动物被用作护身符或者辟邪物，保护持有者免遭厄运，不招恶灵。猫头鹰虽然与死亡和灾祸有联系，却也被派上了这种用场，原因很好理解。如果说猫头鹰是死亡使者，那么如果你佩戴一只幸运猫头鹰，就可以想象它的力量是冲着你的敌人，而不是冲着你自己。换句话说，如果猫头鹰是一种吓人的动物，那么你可以用它来恐吓你的对手。

我们知道，有些亚洲民族，例如突厥人和蒙古人，会在患儿的摇篮附近养一只猫头鹰，他们相信它会把引起疾病的恶灵吓跑。

日本的阿依努人（Ainu）会制作雕鸮木偶，钉在房子上，在饥荒或者流行病袭来时保护居住者。甚至到了今天，阿依努人还在把猫头鹰用作幸运符，也可以买到手工雕刻的猫头鹰木偶，挂在护身的钥匙圈和钥匙链上。这种别具一格的猫头鹰雕像是用冬青卫矛的木材制作的，涂上金色和绿色，人们认为它不但能守护持有者本人，还能守护他们全村，有时会把全村人制作的比较大的模型立起来，作为“村子的守护神”。

奇怪的是，阿依努人并不把所有种类的猫头鹰都当作守护神。有些种类被视为不折不扣的邪魔。在他们看来，这些种类是会害人的，还能分辨好人坏人。如果抓到一只，它会睁着眼睛看好人，却只会用快要闭上的眼睛盯着坏人。睁着

辟邪的猫头鹰钥匙圈，由冬青卫矛木雕刻、上色而成。20世纪的日本阿依努文化。

用爱心和花朵装饰的幸运猫头鹰，20世纪晚期梅诺卡岛一位当地艺术家制作的彩绘陶像。

眼睛盯着人，叫作“把人找出来”（*ainu oro wande*）；透过一条缝盯着人，叫作“不理睬人”（*ainu eshpa*）。一个人如果看到了猫头鹰飞过月面的身姿，就得自求多福了，因为这意味着近在眼前的恶事会很严重，当事人可能得改名换姓，才能避开即将来临的魔鬼。

在地球的另一面，地中海巴利阿里（Balearic）群岛中的梅诺卡（Minorca）岛上，猫头鹰也被用作护身符。即便到了现在，它还是梅诺卡岛民最喜爱的护身符或者辟邪物，他们会把它做成吊坠，戴在脖子上，或者制成陶像，放在家里驱逐恶鬼，或者用来震慑恶毒的邪眼（Evil Eye）。它有时会被缩减到几乎只剩一双凸出的圆眼睛和一条小小的喙，身体在很大程度上省略了。这种简化所强调的是，在震慑邪眼的任务中，被视为重要因素的是它的大眼睛。梅诺卡岛还有大一些的辟邪猫头鹰，放在房子里保护居住者免遭厄运，它们通常由白陶制成，外面用明亮的红、橙、紫、绿、蓝色涂画出细节。

不可否认的是，猫头鹰确实有着多方面的象征意义。它身为夜行猛禽，是邪恶的;（在人们的想象中）它的昼视觉欠佳，所以有一种盲目的顽固；它飞行敏捷、姿态优雅，是神灵的坐骑；它表情严肃，所以是智慧的，而强有力的武器又让它成为实力不俗的守护神。其他动物很少能身兼这么多截然不同的象征性角色，难怪猫头鹰与人类神话有着漫长而复杂的联系。

第五章

富有寓意的猫头鹰

Chapter Five　Emblematic Owls

当今有很多组织机构采用猫头鹰作为一种象征，把它的形象放在徽章、旗帜、标志或者城徽上，制造出一个引人入胜的视觉标识，既能作为身份的象征，也能与竞争对手区分开来。体育俱乐部可能会把它做成猛禽的模样，突出它俯冲扑杀猎物时的利爪。学术社团可能会把它描绘成智慧的老猫头鹰的样子，作为知识的象征。这种把猫头鹰作为寓意画图案的现代用法有着悠久的历史，可以上溯至 16 世纪以前。

1531 年，随着安德烈亚·阿尔恰托（Andrea Alciati）的《寓意画集》(*Emblematum Liber*) 出版，有插图的寓意画书籍开始风行。[1] 他的理念是以诗配图的形式表现道德观，大量借用了古时候的寓言故事和道德故事，但他做出的特殊贡献是把这些故事浓缩在了警句和图画中。他觉得如果能够用简明、文雅的方式表达道德观念，那么艺术家就有可能“造出所谓徽章的东西，我们可以把它系在帽子上，或者用作商标”。在 1534 年出版的修订版中，书中的插图经过了重新整合，变成了一页一幅寓意画。这种理念流行开来，以至于在之后的数个世纪中，又出版了很多寓意画册，发展出了一个大类的、通过图画进行道德教化的流派。

以阿尔恰托原创的一幅寓意画为例，第 116 幅画的是一个上了年纪的男人正在爱抚一个年轻姑娘的赤裸的左乳。他们坐在一棵树下，身旁的地面上，有一只猫头鹰站在一具尸体的胸口。这个奇异的场景象征着这样一种观念，年轻的姑娘委身于一个老到几乎与尸体无异的男人是不对的。与这幅插图相配的拉丁文诗歌显示出，作者想要说明上了年纪的男人（在此例中是老年的索福克勒斯）不该利用自己的权势和财富去引诱妙龄女郎："我们的姑娘坐在索福克勒斯身旁，恰似夜猫子栖于坟墓上，恰似雕鸮站在死尸上。"这里用猫头鹰体现出来的象征意义相当不寻常。因为它是与墓地有关的生物（夜里可以看到它在墓地飞来飞去），所以被认为与死者有着某种关联。因此，从象征的角度讲，它凭借想象的跨度，成为富有活力的年轻姑娘，与一只脚踏进坟墓的老头子相好。然而猫头鹰作为年轻姑娘的象征意义并不流行，在我能够确定的范围内，也并没有出现在任何其他神话和民间传说中。

稍晚些时候，这种文学风格体现在纪尧姆·德·拉·佩里埃（Guillaume de La Perrière）的《两脚书橱》（*Morosophie*，1553）中。[2] 这是第一本双语的寓意画册，文本是拉丁文和法文。其中一张插图上，画着一对处于震惊状态的夫妇，敞开的门外，有一只猫头鹰栖息在一棵树上，诡异的叫声吵醒了这对夫妇。文本的意思翻译过来就是："邪恶的语言想要倾吐出邪恶的毒药，恰似深夜里絮絮叨叨的鸟儿想要打扰酣睡之人，从而使健全的心灵因丧失冷静而悲叹。"这里的猫头鹰显然被刻画成了邪恶的夜行生物，用挥之不去的怪异叫声叨扰淳朴民众的睡眠。

乔洁·德·蒙特奈（Georgette de Montenay）是出版业这种现象的一名追随者，一些人将其形容为原始的女权主义者，

ANDREÆ ALCIATI

Senex puellam amans.

EMBLEMA CXVI.

DVM Sophocles (quamuis affecta ætate) puellam
A quæstu Archippen ad sua vota trahit,
Allicit & pretio, tulit ægrè insana iuuentus
Ob zelum, & tali carmine vtrumque notat:
Noctua vt in tumulis, super vtque cadauera bubo,
Talis apud Sophoclem nostra puella sedet.

ID ex Athenæo lib. 13. Dipnosoph. Ex quo discimus turpissimum esse seni amore diffluere: quod & Deo & ipsi etiam naturæ odiosum esse nostri dictitant. Notum illud Ouidij,

Turpe senex miles, turpe senilis amor.

猫头鹰与尸体，年轻的姑娘和老头子，出自安德烈亚 · 阿尔恰托《寓意画集》中的一幅木版插图：“我们的姑娘坐在索福克勒斯身旁……恰似雕鸮站在死尸上。”

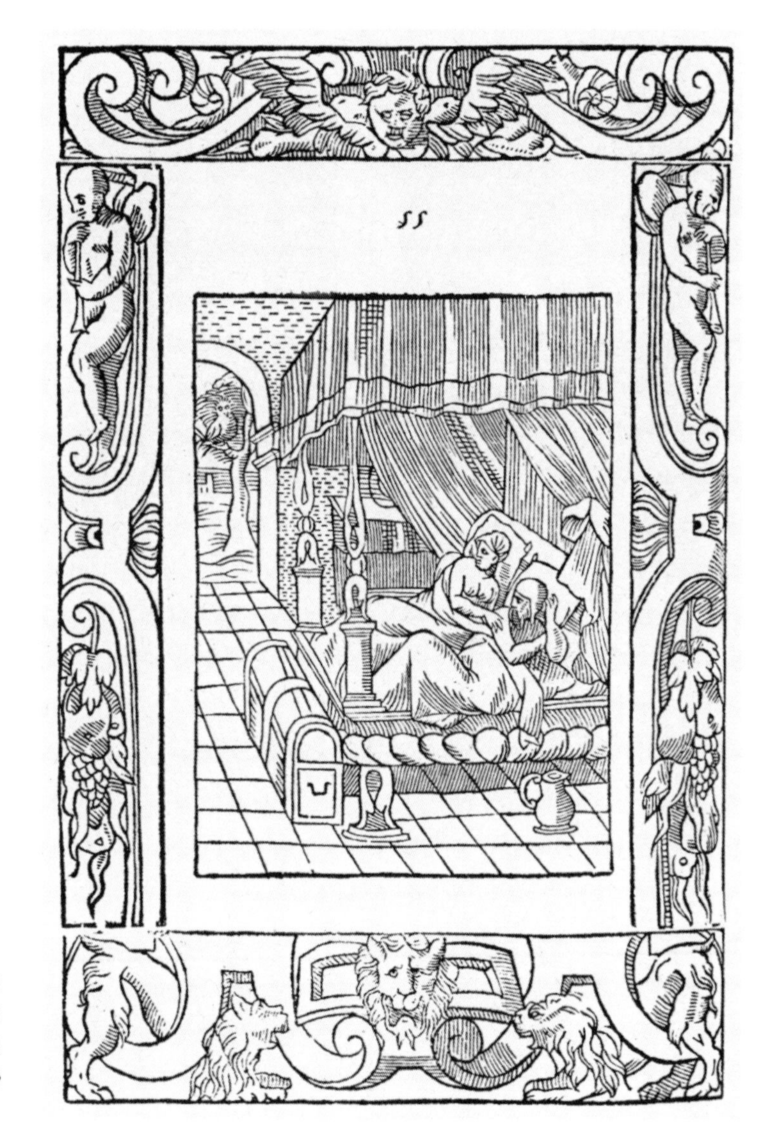

猫头鹰的叫声打破了夜晚的寂静，纪尧姆·德·拉·佩里埃的《两脚书橱》中的一幅木版画。

EMBLEMATA CHRISTIANA. 21

xxi.

Pingue oleum sitiens, exosam lampada bubo
Non tamen ipse sua comprimit ante manu.
Et Satan, Veri impatiens, inimica malorum
Sæuus in insontes commouet arma ducum.

sic vivo——我就这样生活：皮埃尔·沃瑞尔特为乔洁·德·蒙特奈的《基督教寓意画百幅》（*Emblematum Christianorum centuria*，1584）创作的雕版画。

她在1584年创作出了一本含有100幅基督教寓意画的册子。[3]这是第一本用雕版画取代更常用的木版画作为插图的寓意画集。皮埃尔·沃瑞尔特（Pierre Woeiriot）的这些雕版画能够创造出更加精确、细致的图像。其中有一个关于猫头鹰象征意义的奇怪例子，把这只鸟描绘成握着一根长棍子，棍子的一头是一只割下来的手。它把这只手伸向一盏明灯，试图用死象征夜晚的猫头鹰：乔治·威瑟《古今寓意画集》中的一幅蚀刻版画。

人的手指触碰到炽热的灯油。这幅图的标题是 *sic vivo*——我就这样生活。对这个古怪场景给出的解释是：“猫头鹰渴求明灯中的灯油，却不会拿自己的爪子去冒险。”这应该是象征着撒旦的行事方式，无法直面难题，于是便动用邪恶领袖的残酷武器与无辜的人作对。由于这个场景中的猫头鹰一定是代表魔王的，这幅寓意画中猫头鹰的例子也得回溯到民间传说中邪恶的猫头鹰身上。

1635 年，一位名叫乔治·威瑟（George Wither）的牛津大学学者创作了《古今寓意画集》（*A Collection of Emblemes, Ancient and Moderne*），内含英文文本。威瑟 16 岁时入读牛津大学莫德林学院（Magdalen College, Oxford），后来又成为一名直言不讳的多产作家，不止一次因表达自己的观点而入狱。他的寓意画集充满了金玉良言，采用了被称为“沉默寓言”的形式，用富有寓意的图片配上他的警句和诗。其中有几则寓言描绘了猫头鹰，每一则中表现的鸟都有着不同的寓意。有一例展现了一只展翅的猫头鹰站在双蛇杖（*caduceus*）上，这是一根盘绕着蛇的手杖，后来成为医学的象征。[4] 墨丘利和帕拉斯分别站在两边，各拿着一个丰饶之角（cornucopia）。在这样的场合，猫头鹰象征着夜晚，配图的警句是：“让作品见光之前，先在夜里斟酌一下。”换句话说，就是在匆忙付梓之前，先好好想想自己到底在说什么。作者在图下面的诗中指出，丰饶之角表示由“审慎的警觉，也就是这里的雅典娜之鸟所代表的对象”创造出来的财富。他这样总结道：“在夜里，我们最好深思我们的目的……因为当我们对外部世界了解得最多时，对内心世界是最盲目的。”

猫头鹰作为一种黑夜里出没的生物，不会为白天的混乱喧嚷而烦恼，所以有时间深思熟虑，这种想法很有意思，因为对于象征智慧的猫头鹰可以在一定程度上给出解释。这种鸟看上去很聪明，也许不只是因为它长着人形的脑袋，还因为它醒着的时候可以避开白天的乌七八糟。威瑟的寓意画集中还有一只富有寓意的猫头鹰，象征着英国人对处变不惊的爱好。[5] 这只猫头鹰代表着面对狂怒时的淡泊和冷静。图中的猫头鹰静静地栖息在一根木条上，正在被一群愤怒的鸟儿围攻，警句教导说：“当我们可以控制自己的言语时，最能平息那喧嚷的人群。”作者在配图的诗中详述了这一主题：

象征冷静的猫头鹰，出自威瑟《寓意画集》。

当我观察那些忧郁的猫头鹰，
想着它们得有怎样的耐心
才能忍受众多大型鸟类的噪声，
又是多么鄙弃那些小型的鸣禽……
它们是我的榜样，我向它们学习
不把恶语中伤放在眼里，
对责难者的嘲笑嗤之以鼻，
勇敢地看淡受到的不公待遇。

他的第三幅猫头鹰寓意画描绘的是象征智慧与学问的猫

象征智慧的猫头鹰，出自威瑟《寓意画集》。

头鹰。图中的猫头鹰站在一本打开的书上，配上警句“我们因学习和警醒而拥有知识的珍宝”[6]。寓意画下方的诗是一封引申开来的请愿书，恳请学者远离色欲、非分之想和酗酒。他总结说，如果做不到这一点，“你们就不能由雅典的猫头鹰来指代了，得由我们英国的小猫头鹰来表示”。威瑟把雅典的猫头鹰拎出来作为智慧的象征，并不算出人意料，但为什么要用可怜的英国小猫头鹰来代表一个淫荡好色、无法无天的酒鬼，却让人完全摸不着头脑。

威瑟的第四幅猫头鹰寓意画调子更加阴沉，猫头鹰站在一个人的骷髅上。[7] 上面的警句说：“当你还活着时，记住你终有一死。”诗扩充了这一主题，警示读者勿将今事待明日，因为我们在人世的时间是那么的有限。这里的猫头鹰扮演了忧郁夜行鸟的角色，栖息在墓地，与死亡相联系。

我们在时间的刻度上跨步向前，见到了一种截然不同的猫头鹰标志，这是女童军领袖佩戴的一枚徽章。女童军（Girl Guides）运动相当于女版的童子军（Boy Scouts），创设于1910年，不久之后，年龄更小的女孩（7~10岁）显然也想加入，她们需要单独的一个组织以适应她们的年龄。人们决定叫她们幼女童军（Brownies），这个名称来自茱莉安娜·赫拉提亚·尤因（Juliana Horatia Ewing）1870年创作的一个故事中

象征终有一死的猫头鹰，出自威瑟《寓意画集》。

棕色猫头鹰委任徽章，英国女童军于1919—1966年佩戴的一枚青铜别针。

乐于助人的孩子们。幼女童军运动于1914年正式开展，一个幼女童军队（Brownie Pack）的成年人领袖被叫作棕色猫头鹰（Brown Owl）。她佩戴一枚特殊的徽章——幼女童军棕色猫头鹰委任徽章别针（Girl Guide Brown Owl Pin Warrant Badge），上面是一只棕色猫头鹰的脑袋，长着长而弯的耳羽。早期的这些猫头鹰别针如今已经成了收藏品。棕色猫头鹰毯子补丁在一些细节上道出了棕色猫头鹰应有的品质。一只小猫头鹰带着一丝惊讶的表情，凝视着毯子补丁上的文字：勇敢无畏、值得信赖、组织严明、出类拔萃、和蔼可亲、开朗大方、聪明智慧、为人可爱。对于一只象征高尚品德的猫头鹰来说，这一套已经几近完美了。棕色猫头鹰有时会得到被称为灰林鸮或雪鸮的个人的帮助。被问到她们的领袖为什么叫作猫头鹰时，幼女童军中的一名成员回答道："是因为棕精灵的故事。

汤米和贝蒂去找森林中的智慧猫头鹰，她引导他们去做正确的事。”

到了更现代的时期，猫头鹰作为一种标志，依然得到了广泛的运用，但如今选择它作为合适的象征时，背后的考虑已经不那么严谨了。例如，巴塞罗那的一家安装霓虹灯的公司，在对角线大道（Avinguda Diagonal）与圣霍安大道（Passeig de Sant Joan）交汇处的一座建筑物顶部立起了一只巨型猫头鹰。这个计划只是想利用猫头鹰眼睛专注的凝视，为明亮的霓虹灯打广告。当它最初被立起来时，从眼睛里发出了让人精神恍惚的光圈，穿透了夜幕。2003 年，这样的灯光效果被阻止了——也许是因为对过着夜生活的加泰罗尼亚人来说太吓人了——但这只鸟还留在原处，它是世界上最大的猫头鹰形象之一。

在政治领域，富有寓意的猫头鹰也成了 2008 年麦凯恩与奥巴马竞选中的一个小话题。党外艺术家安德鲁·马斯（Andrew Mass）设计了一只老猫头鹰麦凯恩，与一只华丽的蓝知更鸟奥巴马竞争。他让这两只鸟都栖息在一张标有“正直”与“事实”的树枝上，邀请你在猫头鹰麦凯恩的老谋深算与蓝知更鸟奥巴马的年富力强之间做出选择。

世界上至少有三个地区使用猫头鹰作为官方标志。1987 年 7 月 16 日，加拿大曼尼托巴省采用乌林鸮（*Strix nebulosa*）作为省鸟。乌林鸮全年都生活在曼尼托巴省，遍及杂木林和针叶林。再往西的阿尔伯塔省也用猫头鹰作为省鸟，不过用的是大雕鸮（*Bubo virginianus*）。阿尔伯塔省最初的盾徽是一面盾牌，国王爱德华七世（Edward VII）于 1907 年将这份设

一名党外艺术家安德鲁·马斯描绘的奥巴马对战麦凯恩，伊利诺伊州，2008年。这张彩色墨水速写把老猫头鹰麦凯恩与蓝知更鸟奥巴马放在一起，双双栖息在“正直与事实”的树枝上。

计赐予了他们，但 1977 年阿尔伯塔省的学童选择了另外一种标志。他们投票选择猫头鹰作为省鸟，基于“作为一种足智多谋、适应性强的鸟类，大雕鸮印证了阿尔伯塔人民从古至今最优秀的品质”，立法机构通过了他们的选择。如今，一只沾染了迪士尼气息的猫头鹰 Wugie the Owl，成了省会埃德蒙

阿尔伯塔省埃德蒙顿的体育吉祥物Wugie the Owl，为国际大学运动总会（FISU）组织的1983年世界大学生运动会而设计。

顿（Edmonton）的体育吉祥物。Wugie代表的是埃德蒙顿世界大学生运动会（World University Games in Edmonton）。在加拿大东部，魁北克省议会也选择猫头鹰作为省鸟。他们用的是雪鸮（*Nyctea scandiaca*），用这一物种来代表这一地区北部的冰封旷野正合适。和曼尼托巴一样，他们也于1987年做出了选择，当时进行了一场全国性的大型运动，旨在提高环境质量，拯救野生物种。

一些运动队也采用猫头鹰作为吉祥物。美国费城天普大学（Temple University）的队伍被叫作天普猫头鹰（Temple Owls）。这个名字来源于天普大学的早年岁月，当时它是一所夜校。从其标识中能够明显看出，他们强调的猫头鹰特征并不是智慧，而是疾如闪电的攻击。这里所表现的猫头鹰正皱着眉头，愤怒地俯冲下来，张着尖锐的喙，结实的利爪随时准备抓住猎物。可惜的是，设计这个标识的艺术家对猫头鹰不甚了解，给它安了一对三趾向前、一趾向后的鹰爪，而不是典型的两趾向前、两趾向后（对趾）的猫头鹰爪。

美国职业冰上曲棍球界也使用猫头鹰标志。哥伦布猫头鹰（Columbus Owls）在俄亥俄州哥伦布市（Columbus, Ohio）俄亥俄州露天市场（Ohio State Fairgrounds）的露天市场大竞技场（Fairgrounds Coliseum）比赛，直到1977年迁至俄亥俄州代顿（Dayton），变为代顿猫头鹰（Dayton Owls），还沿用了同样的猫头鹰标志。后来他们又继续前进，变为大急流城猫头鹰（Grand Rapids Owls），直到1980年队伍最终解散。即使到了那时，他们的猫头鹰标志也还是留存了下来。大急流城少年猫头鹰曲棍球俱乐部（Grand Rapids Junior Owls Hockey Club）的所

天普猫头鹰，费城天普大学的运动队标志。

有者得到了使用大急流城猫头鹰名称和标识的许可，接手了这个标识。在这件事上，一个标识变得比它所代表的俱乐部更加成功。

谢菲尔德星期三足球俱乐部的猫头鹰队徽。

在英格兰，用猫头鹰作为官方标志的运动队是1867年成立的谢菲尔德星期三足球俱乐部（Sheffield Wednesday Football Club）。20年后，这个队伍成了职业足球队。最初的绰号是“刀片”（the Blades），因为谢菲尔德是著名的刀具制造中心。后来到了20世纪初，队伍中的一名运动员用一只猫头鹰吉祥物代表这支队伍，致敬他们位于欧勒顿（Owlerton）的体育场，从那时起，他们就被称为“猫头鹰”（the Owls）。（最初的绰号“刀片”被他们的对手谢菲尔德联队[Sheffield United]拿走了。）带有新标志的第一枚俱乐部队徽上，一只怯生生的小猫头鹰栖息在一棵树上，但它在现代已经被一只看上去要强大得多的鸟取代了，后者显然是基于埃及的猫头鹰象形文字，描绘的是侧面的鸟身和正面的脑袋。

纹章上的猫头鹰：利兹市议会的城徽。

还有一家北方的英格兰足球俱乐部曾经短暂地使用过猫头鹰作为标志。1964年，利兹联队（Leeds United）借用了城徽上的猫头鹰，城徽上一共有三只猫头鹰，其中有两只头戴小冠冕。城徽本身又是基于利兹首位参议员约翰·萨维尔爵士（Sir John Saville）的家徽。虽然足球俱乐部的猫头鹰标志没有使用多久（也许是被谢菲尔德猫头鹰给比下去了），但直到现在，这座城市的猫头鹰依然是利兹引以为傲的标志，市中心的市政办公室外面有一座富丽堂皇的猫头鹰金雕像。使用猫头鹰标志的英格兰北方足球俱乐部还有第三家。和利兹联队一样，奥尔德姆足球俱乐部（Oldham Athletic）也采用

金猫头鹰：利兹市的猫头鹰雕像。

当地城徽上的猫头鹰，但出于对谢菲尔德星期三支持者的尊重，并没有使用“猫头鹰”的绰号。奥尔德姆猫头鹰是一种“暗语”，或者说是纹章的双关语，重点在城市名字的古音Owldham上。

1991 年才实现独立的国家斯洛文尼亚，需要一个新的吉祥物，助力其竞标 2013 年举行的第 26 届世界大学生冬季运动会。它选择了猫头鹰，毋宁说是猫头鹰风格鲜明的眼睛和喙。选择猫头鹰有几个原因：因为它代表知识和智慧，因为它飞行时悄无声息、姿态优雅，因为它在斯洛文尼亚的森林甚至城镇中都很常见，还有致胜的一点，因为它是一种夜行的鸟类，暗示大学生运动会是一项并不会随着日落而结束的体育赛事，而是会让社交活动在夜晚继续。

长野Snowlets：1988年日本奥运会的标志。

全世界还有另外一些承载着体育精神的猫头鹰。在莫斯科郊外的波多利斯克（Podolsk），有一只打扮成冰上曲棍球后卫的猫头鹰，它身上的“猫头鹰特质”已经所剩无几了。甚至在日本还有一个体育猫头鹰的标志。日本长野 Snowlets 是由 4 只小猫头鹰组成的团体，被一名评论家描述为奥运史上最糟糕的吉祥物。其中一只小猫头鹰是蓝色和紫色，第二只是绿色和橙色，第三只是蓝色和绿色，第四只是紫色和橙色。4 只都长着明亮的黄色眼睛，如果不是因为那小细腿，倒是更适合出现在相扑场而不是运动场上。

猫头鹰的基本形态极具标志性，可以在许多不同的方面利用其寓意。毫不夸张地说，如果逐个国家进行彻底的探究，可能会发掘出几百种猫头鹰标志，不仅有体育俱乐部，还有夜店和超市、商店和企业。前几个世纪发人深思、错综复杂的猫头鹰标志，已经让位于现代商业头脑简单、粗制滥造的形象。猫头鹰这种迷人的野生鸟类理应得到我们的尊重和保护，如今它们的地位也许已经得到了提升，但不得不说，它们的象征意义已经折损了几分。

第六章

文学中的猫头鹰

Chapter Six　Literary Owls

猫头鹰在很多著作中登场过，从最早的寓言到爱德华·利尔（Edward Lear）、A.A. 米恩（A. A. Milne）和詹姆斯·瑟伯（James Thurber）的漫画作品。它最早的一次登场亮相是在公元前 6 世纪的伊索寓言里，曾两次担纲主角。伊索（Aesop）是古希腊一名讲故事的奴隶，用动物的故事进行道德陈述。猫头鹰的第一个故事是《猫头鹰和鸟》，讲述了普通的鸟儿们无视猫头鹰明智的警告，后来，事实证明它们错了，猫头鹰才是对的，于是它们又向它寻求金玉良言，但此时的猫头鹰却沉默不语，“不再给它们提建议了，而是独自为它们过去的愚蠢而哀叹”。

猫头鹰的第二篇寓言是《猫头鹰与蚱蜢》，一只猫头鹰想要在白天睡觉，却被蚱蜢持续不断的叫声打扰。猫头鹰开门见山地请求蚱蜢保持安静，蚱蜢却拒绝了，于是这只猫头鹰不得不耍花招，对蚱蜢说：“你的歌声让我难以入眠，相信我吧，那歌声如同阿波罗的七弦琴一样优美动听，我要纵情畅饮帕拉斯不久前给我的神酒。如果你不嫌弃的话，就来跟我一起喝酒吧。”蚱蜢难以拒绝这番邀请，就飞了上去，猫头鹰干净利落地弄死蚱蜢，吃了下去，这下它终于可以睡个安稳觉了。这个故事的寓意是，奉承你并不表示欣赏你。

千百年来，除了这两则最初的猫头鹰寓言，又多了很多寓言。其中最早的一则来自《五卷书》(*Panchatantra*),这是一部印度的动物寓言集,以韵文和散文写成,有时也被叫作《比德帕伊故事集》(*Fables of Bidpai*)。最初的文本早已佚失,但人们认为它早在公元3世纪就已成书。在猫头鹰加冕礼的故事中,所有的鸟儿们齐聚在森林里,抱怨他们的国王、伟大的神鸟迦楼罗(Garuda)不再为他们履行职责了。他忙着为毗湿奴(Visnu)效劳,鸟儿们觉得受到了冷落,希望选出一位能够妥善照顾他们的新国王。猫头鹰看起来是那么睿智、严肃,选他似乎是显而易见的,于是鸟儿们开始为他的加冕礼做准备。他们用树叶、花朵和兽皮装饰他的王座,组织少女们唱赞歌,还要编排队伍中的猫头鹰被引至涂油地点时所演奏的喜庆音乐。

这只被赋予荣耀的鸟坐在了王座上,正等待着典礼开始,却被打断了。一只声音沙哑的乌鸦发出了巨大的噪声,落在王座附近,询问正在发生的事情。其他的鸟儿们还没确定要选猫头鹰当新国王,便向乌鸦寻求建议。毕竟他是一只非常聪明的鸟儿,他的意见不容忽视。他们告诉乌鸦,马上就要举行猫头鹰的加冕礼了,这只大黑鸟难以置信地笑了。他驳斥了这个主意,说猫头鹰白天是瞎子,根本无法统治。他还指出,猫头鹰在夜里能看清,别的鸟儿却不行,所以他们在黑夜里完全是任其摆布。更有甚者,迦楼罗对这样的进展也不太可能满意。同时有两个国王是个糟糕透顶的主意,鉴于迦楼罗已经名声在外,威望颇高,让他单独统治要好得多。

听他这么一说,鸟儿们心里也没了底儿,觉得到头来可能是犯下了一个严重的错误。于是他们悄悄地散开了,猫头鹰对此浑然不觉，他的眼睛被强烈的日光晃瞎了。拖了很久之后，猫头鹰才觉得有些不对劲儿，问典礼为何停下来了。人家告诉他，大家都走了，因为乌鸦打断了流程。只有乌鸦留了下来，猫头鹰明确地告诉他，从今往后，猫头鹰与乌鸦势不两立，永结世仇。发了一通火之后，猫头鹰气呼呼地离开了，留乌鸦在那里反思自己的所作所为。他把自己认为的事实说了出来，结果却给自己树了一个不想要也没必要的宿敌。猫头鹰并没有恶意，乌鸦却欠考虑，无缘无故地惹人家生气。他觉得自己做了蠢事，很后悔一时冲动的行为。他或许是对的，但为之付出的代价太过昂贵。

在这个古老的故事里，猫头鹰和乌鸦的象征意义颇富趣味。智慧的猫头鹰爱慕虚荣，可能力有限，乌鸦聪明伶俐，却感情冲动，对处世之道一窍不通。二者都以失败收场。其中的寓意似乎是说，能力有限的人应当承认自己的缺点，而脑子聪明的人也必须学会一些交际手段。

17世纪的法国诗人拉封丹收集了很多这类的早期寓言，改编成自己的风格，还加入了一些自己的新寓言。他在《猫头鹰和老鹰》中讲述了这两只大型鸟类之间的友好协定。他们曾经是不共戴天的仇人，现一致同意不再伤害对方的幼鸟。唯一的问题是：他们要如何认出对方的幼鸟来？猫头鹰对老鹰说，方法很简单，因为他的幼鸟长得很好看，“体态动人，长着亮晶晶的漂亮眼睛”。

后来有一天，老鹰偶然发现了猫头鹰幼鸟的巢，走近瞧了瞧，发现这些幼鸟是“讨厌的小怪物，只适合用来吓人”，所以不可能是他朋友的幼鸟，于是立刻把这群幼鸟吞下了肚。

当猫头鹰意识到发生了什么时，他怒不可遏，要求惩罚背信弃义的老鹰。但别人向他指出，是他自己的错，夸大了自己幼鸟的美貌。这个故事的寓意是，父母总觉得自己的孩子长得好看，可别人未必会这么想。

18 世纪的英国作家约翰·盖伊（John Gay）接过了讲寓言故事的接力棒，于 1727 年出版了《51 首寓言诗》（*Fifty-one Fables in Verse*）。其中一首诗中，两只坏脾气的老猫头鹰在叹息，他们不再像古代雅典时期的祖先一样受人尊敬了：

> 雅典，博学的声名远扬，
> 人民大众尊崇我们的名望；
> 有才学的人被授予名号，
> 所有人都敬仰雅典娜之鸟。
> ……可如今，唉！我们却遭人轻视，
> 无礼的麻雀反而更受重视。

一只麻雀无意中听到这怀旧的抱怨，毫不留情地攻击老猫头鹰，评论道：如今的鸟儿们已经认识到了外表具有迷惑性，猫头鹰只是恰好长成一副聪明睿智、德高望重的样子，并不一定真的是这样。他继续说：如果他们专注于自己擅长的事情上，也就是抓老鼠，那么农民们就会称赞他们，他们也会得到劳动者真正的敬意，而不是因为外表而得到虚假的敬意。

18 世纪还有一则流行的寓言，讲的是一只虚荣的年轻猫头鹰，他觉得自己相貌英俊，只有老鹰的女儿可以做他的新娘。老鹰听说了这件事，对此嗤之以鼻，却还是说，如果猫头鹰能够在第二天太阳高高升起的日出时分来见他的话，他就会同意这门亲事。自负的年轻猫头鹰答应了下来，但届时却发现自己被朝阳明亮的光线晃得头晕眼花，结果眼前一黑，摔了下来，落在一堆石头上，被愤怒的昼行鸟儿们围攻。这则寓言的寓意是，没有才能，空有野心，只能是自取其辱。

有一则19世纪的俄罗斯寓言，讲的是一头瞎眼的驴子被困在杂木林里出不去了。当时正值夜晚，一只猫头鹰帮忙把驴子引至安全的地方。驴子非常感激，恳求猫头鹰陪它到处走走。猫头鹰答应了，也很享受坐在驴背上的礼遇，但到了白天，猫头鹰看不清要往哪儿走。它给驴子指错了方向，它们双双坠入峡谷。这个故事又是在关注猫头鹰本领有限这一点，其寓意是，一个人擅长一件事并不意味着擅长另一件事。

猫头鹰只在晚上能力超群，这个主题在一首题目就叫“猫头鹰”的诗中再次出现。诗的作者是维多利亚时代的英国诗人布赖恩·沃勒·普罗克特（Bryan Waller Procter，1787—1874），他以巴里·康沃尔（Barry Cornwall）的笔名写作。这首诗的缩减版如下：

空心树和灰色的古塔里，
住着的猫头鹰犹如鬼魂；
他在阳光下无精打采，遭人嫌恶和鄙夷，
可到了傍晚——他就神采奕奕地出了门。

森林中没有一只鸟儿与他过从甚密；

全都在白天嘲笑他，肆无忌惮，
可是到了晚上，森林里万籁俱寂，
最勇敢的人也会畏缩不前。
啊，夜幕降临，众禽栖息，
正是雕鸮君临天下之际！

啊，月光照耀，犬吠响起，
正值雕鸮的叫声传入耳际！
不要哀悼猫头鹰，也不要哀悼他的困境！
猫头鹰也有自己的所长；
如果说他是光天化日之下的囚徒，
那么他同样也是黑暗森林的君王。

所以当夜幕降临，犬吠响起之时，
要为雕鸮君临天下而欢呼！
白天的王者是谁，我们并不总是知道，
但夜晚的王者非勇敢的棕色猫头鹰莫属。

除了巴勃罗·毕加索（Pablo Picasso），似乎很少有名人会养猫头鹰当宠物。这也难怪，因为它们非常不适合作为家庭伴侣，除非你恰巧住在老鼠泛滥的谷仓里。即便是这样，猫头鹰通常也很难接受人类伴侣对它的密切关注。对于这条一般规律，也有为数不多的例外，其一便发生在著名的英国护士弗洛伦斯·南丁格尔（Florence Nightingale）身上。她于1850年6月参观了雅典的帕特农神庙，纵纹腹小鸮通常在那里筑巢。当时她看到了令人惊骇的一幕，一只幼小的猫头鹰正在被一群希腊孩子折磨。它从巢里掉了下来，显然需要护理，而这正是弗洛伦斯后来广为人知的技能。她救了它，用那位希腊女神的名字给它取名为雅典娜，并学习如何喂养它。

这只人工抚养的雏鸟实在太幼小了，竟然对这位“提灯女神”产生了罕有的强烈依恋情结，成了她忠实的朋友，甚至会落在她的手指上等待喂食，还被训练得可以按照她的指示钻进笼子。过了一段时间，雅典娜成了弗洛伦斯·南丁格尔的亲密伙伴，无论她走到哪里，它都会舒舒服服地藏在她的口袋里，与她同行。这只鸟很快就作为她的标志出了名，如果访客靠得太近，它就会攻击他们，它的恶名也由此传开。但是在 1855 年，弗洛伦斯正忙于为克里米亚的战地护理职务做准备，她的家人决定把这只小鸟留在阁楼一阵子，以为它可以消灭横行其中的老鼠。可不幸的是，这只猫头鹰已经很驯服了，它只是干坐着，等着下一顿饭端上来。可什么食物也没送来，它最终还是饿死了，恰恰就在弗洛伦斯应该走向战场的那一天。

当弗洛伦斯得知心爱宠物的遭遇时，她大受打击，还把出发的日期推迟了两天，以便妥善处理猫头鹰的防腐事宜。雅典娜的尸体被送到伦敦的一位动物标本剥制师那里，精心制作成栩栩如生的姿态。此后直到弗洛伦斯 1910 年去世，它一直留在她的家里，忠实地陪伴着她，虽说已经不会有什么反应了。之后，它几经转手，终于到了 2004 年，人们筹集了足够的钱把它买了下来，作为伦敦圣托马斯医院（St Thomas

雅典娜，如今是伦敦弗洛伦斯·南丁格尔博物馆中一个制备完成的标本。

Hospital）弗洛伦斯·南丁格尔博物馆（Florence Nightingale Museum）的永久展品，直至今日，它还在那里。

19 世纪关于猫头鹰的最奇特的一部文学作品当属弗尼女士（Lady Verney）的《来自帕特农神庙的小猫头鹰雅典娜的生与死》（*Life and Death of Athena, an Owlet from the Parthenon*）。这本书个人出版于 1855 年，是作者献给妹妹弗洛伦斯·南丁格尔的特别礼物。[1] 这本小书的一份副本寄给了正在克里米亚

finger to receive her one daily
her wings wide as she swallowed
meat at her hands.

（左页图）弗洛伦斯·南丁格尔和她的宠物猫头鹰雅典娜。她姐姐关于这只鸟的书中的一张素描。

战区前线的弗洛伦斯，给正在发高烧的她加油鼓劲。据她的姐姐说，弗洛伦斯推迟出发的那个混乱的一星期中，唯一一次流泪就是当死去的猫头鹰小小的尸体放在她手里的时候。据说她曾说过："可怜的小动物啊，奇怪的是，我那么爱你。"

当刘易斯·卡罗尔（Lewis Carroll）的《爱丽丝梦游仙境》（*Alice's Adventures in Wonderland*）于1865年出版时，人们可能会期待猫头鹰在这个有很多动物登场的奇幻故事中扮演一个特殊的角色，可遗憾的是，它只在约翰·坦尼尔（John Tenniel）的经典插图中有过一次沉默的亮相。[2] 一只自命不凡的老鼠向湿漉漉的听众作了一场干巴巴的演讲，他的听众中就包括一只百无聊赖的猫头鹰，紧紧地闭着眼睛。当爱丽丝很欠考虑地提到她的宠物猫的捉鸟技巧时，这个群体中所有的鸟都找借口离开了，这就是我们最后一次看到仙境中的猫头鹰。

同样是在19世纪，爱德华·利尔的打油诗因其古怪的魅力而受到了巨大的欢迎。这些诗名副其实，完全就是在胡闹，没有总结出什么寓意来。他的第一首打油诗叫作《猫头鹰和

猫头鹰和大家一起听老鼠讲话，出自约翰·坦尼尔为《爱丽丝梦游仙境》创作的木刻版画插图。

猫咪》(*The Owl and the Pussy-cat*，1867)，诗中出现了自成一派的猫头鹰。利尔笔下的这只鸟既不邪恶也不聪明，既不自大也不虚荣，和传统意义上的猫头鹰并没有什么共同之处。诗的第一节这样写道：

> 猫头鹰和猫咪去海边
> 乘着一艘漂亮的豌豆绿色船，
> 它们带着蜂蜜，还有很多钱，
> 包在一张五英镑的钞票里面。
> 猫头鹰抬头看星星，
> 弹着小吉他开口歌唱，
> “噢，可爱的猫咪！噢，我心爱的猫咪，
> 你这只猫咪长得多漂亮，
> 你啊，
> 你啊！
> 你这只猫咪长得多漂亮！”

《猫头鹰和猫咪》，爱德华·利尔为他的《打油诗》(*Nonsense Verse*，*1871*)创作的一幅画。

在后面的诗节中，猫头鹰和猫结了婚，办了一场婚宴，最终这两只夜行的肉食动物很符合身份地在月光下跳起了舞。这里面并没有什么寓意，也没有涉及猫头鹰的特征，无论是在生物还是神话意义上。这就是一首自称的打油诗，写出来只是为了逗一个生病的孩子开心，这个孩子叫珍妮特·西蒙兹（Janet Symonds），是利尔朋友的女儿。尽管如此，利尔笔下的鸟依旧是所有虚构的猫头鹰中最为人们熟知的一只。

爱德华·利尔对猫头鹰的喜爱，从他在画作和草稿中画猫头鹰的次数就可以明显地体现出来。他另一幅广为人知的画是1846年画自己胡子的漫画。利尔的胡子非常浓密，他表示自己的胡子实在太浓密了，凑近点看，会发现有鸟儿在里面筑巢，孩子们觉得很好玩。他为这幅漫画配诗道：

> 我担心的正是这个！
> 两只猫头鹰和一只母鸡，
> 四只云雀和一只鹪鹩，
> 都在我的胡子里筑了巢！

《胡子里的猫头鹰》，爱德华·利尔作于1846年的一幅画。

A.A. 米恩深受人们喜爱的童书《小熊维尼》（*Winnie-the-Pooh*）出版于1926年，书中有一只猫头鹰，把自己的名字拼为WOL，它很明显是智慧的雅典猫头鹰的后代。在WOL的性格中，与巫术和死亡有关的、鬼魅般的猫头鹰全无踪影。这是一只性格温柔、德高望重的猫头鹰，住在一棵空心树上的“一座古色古香、魅力四射的宅邸，比其他人的都要壮观”，前门既有门环，又有拉铃。他是一位友善的智者，别人遇到难题时都会来请教他，他也会提出周到的建议，只是用词越来越长，对于区区一只熊来说太难懂了。但他是出于好意，而且对于米恩的小读者来说，也让他们心目中的猫头鹰成了乐于助人、学识渊博、有点像祖父一般的形象。

小熊维尼听取智慧的老猫头鹰的建议，出自E. H. 谢泼德（E. H. Shepard）为A.A.米恩的《小熊维尼》创作的一幅画。

美国幽默作家詹姆斯·瑟伯（James Thurber）以简单质朴、天真烂漫的文配图而著称。这些图画是自然流露的产物，因此别具魅力，如果他努力去提高画技，反而会失去这份魅力。有那么一次，他确实尝试这样做了，可一位同僚提醒他："如果你真的画好了，也就平庸了。"他最著名的猫头鹰图画幸免于此。这幅画叫作"成神的猫头鹰"，是画来搭配一则典型的瑟伯式怪异寓言的。虽然它在一定程度上借鉴了公元3世纪的《五卷书》中"猫头鹰加冕礼"的故事，但瑟伯的这个故事别具一格。它可以概括如下：

> 一个没有星星的夜里，两只鼹鼠被一只猫头鹰搭话。他们俩很惊讶，他竟然在漆黑的夜里也能发现他们，于是赶紧去告诉其他动物他有大智慧。一只蛇鹫决定验证一下，便问猫头鹰"即"这个字有没有其他的表达方式。猫头鹰回答说"就是"。"情人为什么呼唤爱？"蛇鹫问。猫头鹰回答说"为了求爱"。蛇鹫深深地感受到猫头鹰知识渊博，告诉了所有其他的动物。他们认定猫头鹰是神，要追随他到天涯海角。他们甚至在正午时分也跟着他，这时他走上了大马路中央。因为他在明亮的日光下看不见东西，所以并没有注意到一辆卡车正驶过来，结果和很多轻信的追随者一起命丧车轮之下。

这里的寓意是瑟伯典型的怪异风格："你可以在很长时间里欺骗很多人。"

在21世纪的文学中，唯一在重要的虚构背景中让猫头鹰担纲主角的作家是J.K. 罗琳（J. K. Rowling）。她的一系列作品让已经相当陈腐的魔法题材重获新生，大受欢迎，这就是1997—2007年出版的哈利·波特系列。她在其中安排了各种猫头鹰充当魔法世界与“麻瓜”的普通世界之间的信使。哈利·波特自己就有一只雌性雪鸮，名叫海德薇（Hedwig）。在根据小说改编的系列电影中，海德薇由7只不同的雄鸟扮演：Gizmo、Kasper、Oops、Swoops、Oh-Oh、Elmo和Bandit。它们都是雄性，因为雄性雪鸮比雌性小，小演员更容易控制，之所以有7只，是因为专业的猫头鹰显然要有休息日，经常需要替身。哈利的朋友罗恩有一只花头鸺鹠，名叫朱薇琼（Pigwidgeon），简称小猪。书中还有另外几只猫头鹰，其中包括马尔福家族所拥有的雕鸮，还有属于韦斯莱家族的、上了年纪的雄性乌林鸮埃罗尔（Errol），它笨手笨脚的，落地时总会撞到东西。我们可以确信，影片中看到的所有暴力事件都是由一只假猫头鹰进行的特技表演。

看到这些美丽的猫头鹰再次被拖回几个世纪以前就应该消失了的、迷信和超自然的巫咒世界，很容易视其为一种耻辱，但哈利·波特系列故事的可取之处在于，这些故事显然是应该单纯作为孩子们的童话故事来读，不应该较真儿，所以并没有造成什么危害。或者就像当今所有的好莱坞电影的片尾字幕说的那样，制作这些电影的过程中，没有鸟类受到伤害。

第七章

部落里的猫头鹰

Chapter Seven　Tribal Owls

世界各地都有关于猫头鹰的部落传说和迷信，这些故事也传入了21世纪。在一些情况下，涉及的部落依然顽固地坚持着传统的生活方式，但即使是那些正在适应更加现代的生活方式的部落，也依旧在讲述着关于智慧猫头鹰和女巫猫头鹰的古老故事。

在现代欧洲，古老的部落早已融合成更大规模的民族，可即便如此，只要深入偏远一点儿的农村地区，便会发现猫头鹰的神话，还有与中世纪相差无几的仪式，古老的信仰拒不消亡。例如在特兰西瓦尼亚（Transylvania），一些地区的农民依然相信，光着身子绕着他们的田地走，就会把猫头鹰吓跑。在威尔士，如果听见一只猫头鹰在房屋之间叫唤，就意味着有一名未婚女子失去了贞操。在俄罗斯，一些猎人佩戴着猫头鹰爪形状的护身符，这样一来，如果他们丧了命，灵魂便会用这些爪子爬升到天堂。在波兰，已婚女子死后会变成猫头鹰。在法国，孕妇如果听见猫头鹰的叫声，就会生女孩。同样是在法国的波尔多，必须往火上撒盐才能破除猫头鹰的咒语。在布列塔尼（Brittany），收获时节看见猫头鹰，意味着会有好收成。在德国，如果孩子出生时猫头鹰在叫，这个婴儿便要度过悲惨的一生。在爱尔兰，如果猫头鹰进了房子，必须把它杀掉，否则当它离开时，就会把家里的好运一并带走。在西班牙，传说猫头鹰从前会唱悦耳动听的歌，直到它看见耶稣被钉死在十字架上，从那以后，它就只会发出*cruz cruz*（音同“十字架”[cross]）的叫声了。

如果逐个国家进行一次细致的调查，那么现存的猫头鹰迷信清单无疑会写满好多页。欧洲的城市居民当然会付之一笑，但即使到了今天，乡民们多多少少总会听说过其中的一些。大多数人会嗤之以鼻，如果说这些迷信是基于事实，他们更是会不以为然，但这些迷信虽然只是被视为异想天开的胡诌，却被人不断复述，成为地方民俗的一部分。

欧洲很多古老的神话传说也许已经沦落到童话故事的层面，但在世界上的其他地区，人们仍在严肃对待关于猫头鹰的故事，这一点在依旧颇富部落色彩的非洲大陆体现得最为真切。

非洲的猫头鹰

猫头鹰在非洲部落神话中的处境并不算好，通常被认为是邪恶的。在很多地方，它们与巫术联系在一起，格杀勿论。西非猫头鹰的标准“洋泾浜”英文名是巫鸟（Witchbird）。在喀麦隆的一些地区，人们认为猫头鹰太邪恶了，不允许给它取名字，只说它是让你害怕的鸟。在那些地区，以及尼日利亚的一些地区，人们认为女巫会在夜里变身为猫头鹰。

在津巴布韦，据说仓鸮是女巫的鸟。被问到为什么偏偏把这个物种单独拿出来时，当地一名鸟类学家回答说“因为它是白色的”。它们被认为是霉运的象征，格杀勿论。然后当地的巫医会用它们的喙和爪子制成效力强劲的药，用来制造伤害。纳米比亚的洛齐人（Balozi）部落认为，猫头鹰只要出现，就会带来疾病。因此，每当猫头鹰进了村子，就会被射杀。肯尼亚的基库尤人（Kikuyu）认为，如果猫头鹰现身，死亡便会随之而来。

非洲这种对待猫头鹰的负面态度，对于西方保护某些稀有物种例如非洲栗鸮的努力来说，不亚于一场浩劫。保护主义者在文化上的认识还很天真，没能理解当地的迷信，也没什么机会向当地人传授保护这些濒危鸟类的有效措施。

然而，猫头鹰在黑暗中能够看清东西，这一点就足以烙印在非洲巫医的心里，他们会建议猎人或者战士吃猫头鹰眼睛来改善夜间视力。

在刚果民主共和国的库巴（Kuba）部落中，地位是通过特殊场合所戴帽子的种类而体现出来的。部落酋长戴的帽子用羽毛装饰。最大的官儿是鹰羽酋长（Eagle Feather Chief），因为鹰被视为白日天空中最强大的鸟类。重要性仅次于他的是入会酋长（Chief of the Initiation Society），佩戴猫头鹰的羽毛，因为猫头鹰被视为森林和夜空的统治者。库巴部落也会制作富有表现力的猫头鹰面具，用巨大的眼睛、尖锐的喙和短而尖的耳羽来描绘这种鸟。

刚果的松吉（Songye）部落也会为特殊的仪式雕刻生动的猫头鹰面具。他们的面具往往涂成醒目的黑白色，还有一张怪异地往上翻着的嘴。这些面具戴上去很沉，透过面具的能见度也很低，舞者的视野被局限在猫头鹰两只大圆眼睛正下方的两条窄缝中。

在安哥拉的绍奎（Chokwe）部落中，猫头鹰被视为一种智慧的动物，在野外获取了丰富的知识。祖先的形象有时会被表现为人类的身体和猫头鹰的头，被刻画成一个保护者的角色，关怀着子孙后代。

带小孩的猫头鹰，由安哥拉绍奎部落的一名艺术家雕刻而成。20世纪的木雕。绍奎人认为猫头鹰是一种智慧的动物，在野外获取了丰富的知识。这个形象象征着祖先的灵魂荫庇着子孙后代。

非洲Kifwebe猫头鹰面具，由刚果松吉部落的一名艺术家制作。

亚洲的猫头鹰

亚洲和很多地区一样，猫头鹰有好有坏。在亚洲，一则共通的神话是说猫头鹰会吃掉刚出生的婴儿，或者伤害小孩。这种信仰在马来西亚最为牢固，那里的猫头鹰被称为 *burung hantu*，意为鬼鸟。在中国和朝鲜，对待猫头鹰有一种更实际的手段。那里的猫头鹰会被杀掉，身体部分被用作药材。再往北的蒙古，人们认为猫头鹰会在夜里潜入人家，收集人类的指甲。尚不清楚这里的猫头鹰究竟是打扫房屋的好猫头鹰，还是偷走指甲主人一小部分灵魂的坏猫头鹰。已知蒙古葬仪的相关人士会把猫头鹰的皮挂起来辟邪，但这到底是因为猫头鹰身体的相关部分拥有能够阻挡恶灵的善灵，还是出于以恶制恶，同样尚无定论。

就好的一面而言，在亚洲的一些地区，猫头鹰被尊为神圣的祖先，被赋予了帮助人们躲避饥荒和瘟疫的属性。在印度尼西亚的苏拉威西岛（Sulawesi，更有名的称谓是西里伯斯岛 [Celebes]），一些居民声称猫头鹰智慧非凡，因此人们打算旅行时一定要向它们请教。如果有人想要去旅行，首先要听取猫头鹰的意见。这种鸟类在夜里会发出两种不同的声音，一种表示要出门旅行，另一种表示要待在家里。人们对待这些警告的态度很严肃。如果猫头鹰的叫声表示要待在家里，那么就不应该出门旅行。

澳大利亚的猫头鹰

对于澳大利亚原住民来说，猫头鹰的地位在部落神话中并不重要，但提到它时，它再一次造成了坏猫头鹰和好猫头鹰之间常有的矛盾。以邪恶形态存在时，它是既吃小孩又杀人的邪神 Muurup 的信使。在世界很多地区都有这样一种我们早已司空见惯的迷信，认为如果一只猫头鹰在家的附近盘桓好几天，就意味着有人要死了。从好的一面来看，有一种信仰是说猫头鹰代表着女人的灵魂，或者是守护着她们的灵魂。因此人们会要求女人来保护猫头鹰，借此保护她们的女性亲属。一些专家甚至会说，这让猫头鹰成了一种神圣的鸟类，因为“你的姐妹是一只猫头鹰——猫头鹰也是你的姐妹”。（顺便说一句，男人的灵魂是由蝙蝠来代表的。）

美洲印第安人的猫头鹰

一根巨大的图腾柱上刻着猫头鹰一张严厉的脸，愤怒地凝神俯视着我们，这一幕已经深入到我们每个人心中，但北美洲各部落与这种夜行猛禽之间的关系究竟是什么样的呢？关于超自然的猫头鹰，很多部落都有错综复杂的传说，这些鸟类常常与死亡联系在一起，但这并不一定是负面的。在生者与亡者之间建立良好关系的过程中，它们更有可能作为有益的帮手出现。美洲原住民部落中经常会有萨满，或者是巫医，他们的任务就包括与亡者交流，他们可以召唤猫头鹰帮助他们做这件事。事实上，猫头鹰有时会被称为巫师之鸟（Bird of Sorcerers）。

图腾猫头鹰：太平洋西北地区沿岸的一根图腾柱。

举一个具体的例子，在皮马（Pima）部落中，把活着的猫头鹰换下来的羽毛放在将死之人的手里，就能让猫头鹰为那个人在通往来世的漫漫旅途中引路。在另外一些部落中，猫头鹰的羽毛也经常被用作魔力护身符。在纳瓦霍人（Navajo）看来，人类死后的灵魂竟然会化为猫头鹰的形态。太平洋西北地区（Pacific Northwest）沿岸的钦西安人（Tsimshian）也是这样认为的。他们有一种富于想象力的舞蹈，男性表演者被抛入火焰中，仿佛他的身体就要被火焰吞噬。在这高明的幻象之后，他会戴着一个骷髅般的面具现身，却展示出一颗完好无损的心。这颗心是以木刻盒子的形式呈现的，在舞蹈过程中巧妙地藏匿在他的衣服里，这时便神奇地

涂色的木制心形护身符：把它打开之后，会出现一只猫头鹰，代表最近死去的一个人的灵魂。太平洋西北地区沿岸。

夸夸嘉夸族传说中智慧的猫头鹰信使；20世纪的北美乔柏木雕，带有柏木做成的绳子和树皮做成的丛毛，由温哥华岛（Vancouver Island）北部的沃利·伯纳德（Wally Bernard）制作。

显露出来，打开之后会有一只小猫头鹰坐在里面，代表他幸存下来的灵魂。[1]

因为美洲原住民部落把猫头鹰与死亡之间的联系想象得非常紧密，所以必然会对这些鸟类采取矛盾的态度。一个部落认为猫头鹰提供了关于死亡的有益警告，而另一个部落则会把它们视为邪恶的信使，实际上是造成死亡的罪魁祸首。因此，在同样的前提下，一个部落会尊敬猫头鹰，另一个部落到头来却会仇恨它们。尊敬猫头鹰的部落包括波尼人（Pawnee），他们视其为守护的象征；雅克玛人（Yakama），他们尊其为图腾形象；尤皮克人（Yupik），他们会在特殊场合戴上仪式性的猫头鹰面具，还说猫头鹰是有益的灵兽；切罗基人，他们将猫头鹰视为萨满（shaman）的得力顾问，传达预言的消息；莱纳佩人（Lenape），他们认为如果你梦到了猫头鹰，那么它就会成为你的守护者；特林吉特人（Tlingit），他们称猫头鹰会警告他们迫在眉睫的危险，他们的战士走上战场时会像猫头鹰一样叫喊，因为他们坚信猫头鹰会为他们带来胜利；奥格拉拉人（Oglala），他们的战士戴雪鸮羽毛帽子，彰显自己的勇气；苏族人（Sioux），他们认为一个人如果把猫头鹰羽毛穿戴在身上，视力就会变得更强大、更敏锐；祖尼人（Zuni），他们把一根猫头鹰羽毛放在婴儿身旁助眠；拉科塔人（Lakota），他们的巫医佩戴猫头鹰羽毛，并承诺绝不伤害猫头鹰，以免失去魔力；莫哈维人（Mohave），他们相信死后会转生为猫头鹰；以及夸夸嘉夸族（Kwakiutl），他们有猫头鹰面具，认为每个人都与一只特定的猫头鹰联系在一起，如果有人杀死了你身为猫头鹰的另一半，那么你也会死。

不喜欢猫头鹰的部落有霍皮人（Hopi），他们将猫头鹰视为厄运的预兆；阿帕契族（Apache），他们畏惧猫头鹰，说如果梦见一只这样的鸟，便是死亡将至的迹象；卡津人（Cajun），他们认为被猫头鹰的叫声吵醒是凶兆；欧及布威族（Ojibway），他们将猫头鹰视为邪恶与死亡的象征；以及卡多人（Caddo）、卡托巴人（Catawba）、乔克托人（Choctaw）、克里克人（Creek）、梅诺米尼人（Menomini）和塞米诺尔人（Seminole），他们全都把猫头鹰视为不祥之兆和死亡将至的迹象，经常与女巫联系在一起。

猫头鹰矛盾的性质再一次凸显出来。因为它在夜晚活动，还会发出诡异、骇人的叫声，所以成了一种鬼魅般的鸟，在部落擅长讲故事的大师那里，很快便被渲染成一种仁慈、友善的鬼魂，或者是一种邪恶、有害的鬼魂。你的童年时代会遇到，长大成人的过程中又会更加熟悉哪种富有象征意义的猫头鹰，仅仅取决于你出生在哪个部落。但有一点是肯定的——身为北美印第安人，却对作为灵兽的猫头鹰一无所知，这种情况是很罕见的。

要想在新世界的部落里找到那些仅仅按照本来的样子描绘出来的猫头鹰，只是作为引人入胜的鸟儿，没有任何挥之不去的含义，我们需要南下至巴拿马的中美洲乡村。那里的库纳族（Kuna）印第安人居住在北部海岸之外的圣布拉斯群岛（San Blas Archipelago）中的一座座小岛上，他们迷恋很多种鸟类，其中就包括当地的猫头鹰。这些猫头鹰，以及其他很多动物的形象，都会出现在女人的衣服上。与男性族人不同，她们固执地保留了部落的传统服饰，即使是在现代。她们在

库纳族印第安艺术家的作品《五只猫头鹰》，20世纪末的反向贴花刺绣，巴拿马圣布拉斯群岛。

长裙外穿上装饰性的胸前布片，叫作莫拉（*molas*）。这种服饰是用劳神费心的反向贴花工艺制作的。需要约 250 小时的精细刺绣活儿，才能做出一件优良的莫拉成品，而莫拉近来也作为严格意义上的部落艺术品被人收藏。

巴拿马现存的猫头鹰有 15 种，但没有一种是像猫一样有胡须的。然而库纳族艺术家只要是表现一张正脸，似乎总会情不自禁地给它加上胡须。有长着猫脸的人，也有长着猫脸的鸟，而且并不总是局限于胡须。这些猫头鹰天生尖锐的喙变成了平头的鼻子，眼睛长出了睫毛（或者也可能是眉毛），嘴巴也变宽了，还长出了牙齿和显眼的嘴唇。事实上，这些像猫又像人的猫头鹰别具一格的原始特色很招人喜欢——这也是库纳族艺术家最具魅力的发明之一。通过它们突出的耳羽可知，它们所根据的真实物种是雕鸮。只有这一次，这些猫头鹰是用来提供一些视觉娱乐的，无须肩负起传说、神话或者象征意义的重担。

在巴拿马被热带雨林覆盖的大陆上，距离库纳族生活的地区不远的达连（Darien）地区，生活着另一小群幸存下来的原住民——沃南族（Wounaan）印第安人。他们的特技是编织篮子，这个部落的女人数百年来一直在这个艺术形式上精益求精。和库纳族一样，他们部落的艺术品近来也被外界知晓，如今已经成了收藏品。沃南族人偶尔也会运用这种技巧制作面具，这时雕鸮就成了他们的素材之一。他们创造出来的每一个面具都包含了几千个精密的针脚，以及错综复杂的花纹。制作一件这样的艺术品需要 5 个独立的步骤。第一步，找到棕榈叶，进行识别和裁切，纤维就是从中提取出来的。这一步要在一年中合适的时间完成，只能用到两种棕榈——黑棕

棕榈叶纤维编织而成的猫头鹰面具，来自巴拿马的现代面具。

榈和纳瓦拉棕榈。第二步，对棕榈叶进行晒干、漂白和剥脱，从而得到独立的纤维。第三步，收集用来给纤维染色的植物染料，之后反复晒干棕榈叶。第四步，设计出复杂的面具图案。最后一步，把纤维缝在一起，制作出成品，这个步骤本身就可能需要好几个星期。

沃南族女人也乐于从事一项不那么艰巨的创造性工序，那就是制作被称为 molitas 的贴花小布块。猫头鹰也是这些 molitas 喜欢采用的素材。和库纳族一样，沃南族似乎也仅仅是把猫头鹰用作设计图案，而不是作为神话或者象征的主题。这样就可以解释为何沃南族的猫头鹰和库纳族一样，与巫术和魔法没有任何牵扯，而且比其他部落文化中的猫头鹰形象更具装饰性，感染力也更强。

沃南族印第安人的布面贴花molitas——《树枝上的猫头鹰》。

爱斯基摩人的猫头鹰

虽然爱斯基摩人严格说来也属于北美印第安人，但猫头鹰在他们的艺术中出现的频率，比在当今其他任何民族的作品中都要高，仅凭这一点，就理应把他们单独拿出来讨论一下。基诺娃克·阿什瓦克（Kenojuak Ashevak）是最著名的爱斯基摩艺术家，她的猫头鹰石刻非常有名，以至于在1970年，加拿大邮政把她1960年的版画《陶醉的猫头鹰》（*The Enchanted Owl*）印在了6分钱的邮票上，用以纪念西北地区（Northwest Territories）加入加拿大联邦100周年。在这幅作品中，基诺娃克将猫头鹰的羽毛夸张化，从而塑造出一个令人难忘的形象，这是一种卓尔不群的手法。被问及为何以这种方式对猫头鹰进行修饰时，她回答说，这样做是为了“驱散黑暗”。

基诺娃克·阿什瓦克的《陶醉的猫头鹰》，1971年，石刻印刷。

多年以来，猫头鹰在基诺娃克的图画中屡次出现。在关于她的作品的一部专著中，作为配图的 161 张版画中有 89 张都出现了猫头鹰的形象。[2] 她有时会把它称为“灵鸟”，还会把它与其他鸟类合并在一起，比如海鸥。然而，当她这样做

基诺娃克 · 阿什瓦克的《太阳猫头鹰》（*Sun Owl*），1979 年，石板印刷。

基诺娃克 · 阿什瓦克的《爱斯基摩灵鸟猫头鹰》（*Eskimo Spirit Owl*），1971 年，石刻版画。

时，猫头鹰依然处于核心位置，其他鸟类的头部从猫头鹰的羽毛中长出来。在她的一只灵鸟猫头鹰身上，她用一条从猫头鹰脑袋后面伸出来的分叉鱼尾来装饰这只鸟。在另外一幅作品中，猫头鹰的形象被叫作“太阳猫头鹰”。这只鸟的圆脑袋成了太阳，发散的羽毛成了太阳光线。猫头鹰与太阳的这种关联，在猫头鹰的象征意义中，必定是独一无二的。这当然是由于这位爱斯基摩艺术家所见的猫头鹰是雪鸮，这种昼行猎手和其他种类的猫头鹰不一样，并不讨厌阳光。任何一个到过北极圈的人都会明白，对于爱斯基摩人来说，“北极出太阳，是赏心悦目的一幕”[3]，而这就意味着基诺娃克把猫头鹰与太阳相关联的做法，将这只鸟提升到了至善至美的境界。

1927 年出生在一间冰屋里的基诺娃克，长寿到足以见证

基诺娃克 · 阿什瓦克（1927—2013）

基诺娃克 · 阿什瓦克绘制的玻璃窗。

自己的作品在祖国受到推崇，并于 2001 年进入加拿大名人堂。2004 年，她绘制了史上第一扇由爱斯基摩人设计的彩绘玻璃窗，如今这面玻璃窗可以在安大略省奥克维尔（Oakville, Ontario）阿普尔比学院（Appleby College）的约翰 · 贝尔礼拜堂（John Bell Chapel）看到。1964 年，一部关于她的工作的纪录片获得了一项奥斯卡金像奖提名。

1915年出生的一位年纪更大的爱斯基摩艺术家露西（Lucy），也创作了一些令人难忘的猫头鹰，其中最为逼真的一只是她1967年的《跳舞的鸟》。一位爱斯基摩男性艺术家Iyola Kingwatsiak（1933—2000）描绘了更加僵硬、更受拘束的猫头鹰，他1966年的作品《三只猫头鹰》以一种怪异的方式表现了一只鸟钳住另外两只鸟的脑袋，每只爪子下面各有一个脑袋。

如果说猫头鹰似乎对世界各地的部落民族过于重要了，也没什么好大惊小怪的。因为部落是以小型聚落的形式生活的，遇见猫头鹰的机会比城镇更多。人们更常听到它们的叫声，在薄暮时分更是频繁地瞥见它们翱翔和盘旋时沉默无声的身姿。然而在喧嚣的都市中心，刺耳的机械声和刺眼的人工光，意味着猫头鹰如今越来越有可能成了一种珍贵而遥远的回忆，虽然它们曾经是我们如同鬼魅的邻居。

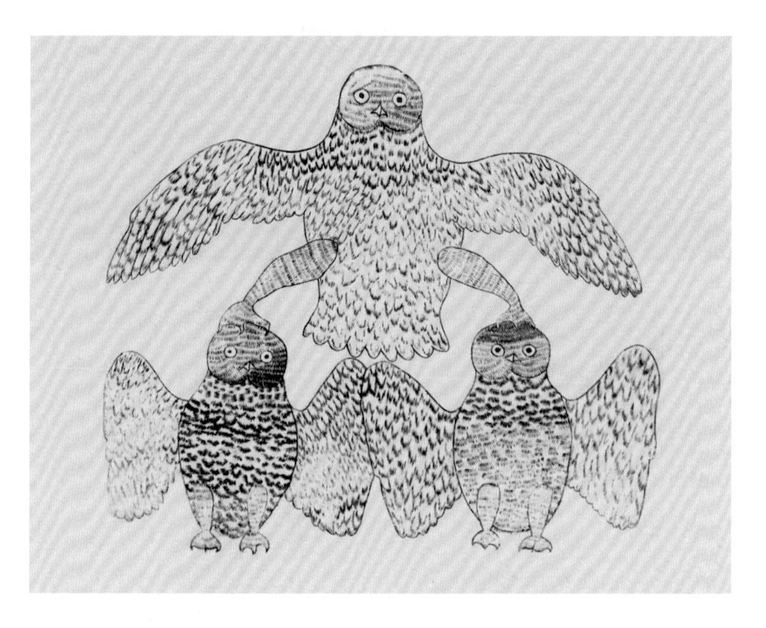

Iyola Kingwatsiak的《三只猫头鹰》，1966年，蚀刻版画。

第八章

猫头鹰与艺术家

Chapter Eight　Owls and Artists

猫头鹰的画肯定比其他任何鸟类都要多。它的形状很简单，以至于每个人都会对它产生一股画、涂、做模型或者雕刻的冲动。有伤感的猫头鹰、卡通的猫头鹰、俗气的猫头鹰、卖萌的猫头鹰和滑稽的猫头鹰。除了硬笔画、软笔画和模型，猫头鹰的形象还反复出现在家居用品上，关于猫头鹰收藏品的书也整本整本地写出来。

在现代，猫头鹰屈尊纡贵，被做成了各种小摆设，有戒指、镇纸、隔热手套、开瓶器、存钱罐、烟灰缸、游戏牌、喂奶瓶、茶壶、墨水瓶等，几乎囊括了所有你能够想象出来的装饰物。猫头鹰还出现在纸币、硬币、奖牌、电话卡、火柴盒商标和不计其数的海报和广告上。随着新的文身热潮，

（左图）展翅的猫头鹰，20世纪约旦亚喀巴（Aqaba）一位当地艺术家的黄铜制品。

（右图）伦敦街弗里思街文身店（Frith Street Tattoo）的克劳迪娅（Claudia）的猫头鹰文身作品，文在林赛·特里赖斯（Linsay Trerise）的手臂上。

美国和马绍尔群岛（Marshall Islands）的猫头鹰邮票。

猫头鹰甚至还能长久地栖息在人类的皮肤上。

集邮界中的猫头鹰无处不在。新西兰人迈克·达根（Mike Duggan）沉迷于收集所有已知的带有猫头鹰图案的邮票，他收集了丰富的藏品，现在正在出售的这份藏品包含了来自全球192个国家的至少1 224枚各不相同的猫头鹰邮票。大多数国家都只发行了几枚猫头鹰邮票，但有些国家似乎对这个特别的主题格外偏爱。安哥拉发行了至少30枚，科特迪瓦32枚，几内亚比绍33枚，贝宁43枚，刚果44枚。

对收集猫头鹰人工制品的沉迷，有时也会变得一发而不可收拾。1978年，莫妮卡·柯克（Monika Kirk）在希腊度假时买了一个小小的猫头鹰坠饰当作纪念品。30年后，陈列在她家里的“猫头鹰世界”（*Eulenwelt*）已经拥有至少1 950只猫头鹰，其中包括250件猫头鹰首饰：盒式小坠子、胸针、戒指、耳坠和耳环。

莫妮卡·柯克收藏有1 950件猫头鹰人工制品的“猫头鹰世界”的一部分。

尽管猫头鹰收藏品的魅力无可否认，但它们通常充其量只是普普通通的艺术品。然而也有一些特例打破了这个规律。时不时地会有艺术巨匠被猫头鹰的形象吸引，给我们留下非同凡响的作品。那些把猫头鹰留在我们记忆中的伟大名字，包括博斯、丢勒、米开朗基罗、戈雅和毕加索。

耶罗尼米斯 · 博斯

耶罗尼米斯·博斯（Hieronymus Bosch，1450—1516）大概是所有西方艺术巨匠中最具暗黑想象力的一位，他在作品中反复使用猫头鹰的形象，而且几乎总是赋予其某种象征意义。我们看到他最早期的一只猫头鹰，是从《暴食》（*Gluttony*）中一扇门上方的壁龛向外凝视，这是他于 15 世纪七八十年代完成的《七宗罪》（*The Seven Deadly Sins*）中的一幕。这只鸟清醒地俯视着人类贪婪无度、醉态毕露的场面。按照一位法国艺术史学家的说法，这只"凝视的猫头鹰象征着一类人，他们更喜欢罪恶与异端的黑暗，而不是信仰的光明"[1]。

在另外一幅早期作品中，他使用了同样的方法，一只猫头鹰凝神俯视着人类放荡无序的场面。在《愚人船》（*The Ship of Fools*）中，他向我们展示了一名修士和两名修女正在和一群农民一起纵酒取乐。他们小船的桅杆长成了一棵树，庄严的猫头鹰栖息在树枝丛中，显然又是一种属于黑夜的、黑暗邪恶的象征。一位评论家将这根怪异的桅杆视为博斯对生命之树（tree of life）的隐喻，树上"这只凝视的猫头鹰，黑暗之鸟，取代了狡猾的蛇的位置”——后者是另外一种夜行捕食者。[2]

在《魔术师》（*The Conjuror*）中，博斯把一只猫头鹰摆放

耶罗尼米斯·博斯的《魔术师》，15世纪晚期，木板油画。

得着实怪异。这只鸟显然是一只仓鸮，它只露出了脑袋，从魔术师腰带上挂着的一个小篮子里往外窥视。我们看到这个人正在为全神贯注的观众变戏法，而艺术家并没有对这只猫头鹰不可思议的存在做出解释，也没有解释它为什么不干脆飞走算了，反正篮子也没有盖。很难猜测魔术师接下来会用一只驯养的猫头鹰变出什么样的戏法。因此，仔细研究这幅画的艺术史学家又把它的存在视为单纯的象征。然而他们对这个象征意义的性质莫衷一是。有些人视其为性的象征，球形的篮子代表魔术师的生殖器。在他们看来："智慧之鸟就这样代替了生殖力，后者需要去掉，为前者腾出地方来。"[3] 另外一些人认为猫头鹰象征着魔术师邪恶的骗术，他正在把被他的戏法蒙骗的愚蠢、轻信的公众引入歧途。在他们看来，"桌子上的青蛙、篮子里半隐半现的猫头鹰、戴着小丑帽的狗，都是轻信、异端、恶魔之力卑劣荒唐一面的符号表达……"[4]

博斯的主要作品是伟大的三联画《太平盛世》(*The Millennium*)，但如今《人间乐园》(*The Garden of Earthly Delights*)这个名字更为知名，画中又多了几只猫头鹰。在下页的《伊甸园》(*The Garden of Eden*)中，一只猫头鹰瞪着大眼睛，从生命之泉一个幽暗的圆孔中往外凝视。按照一位学者的说法，在这种情况下，"猫头鹰的究极含义，是它的智慧基于对死亡的洞察与超越"。这就解释了这只鸟所处的位置，"位于生命之泉底部的正中心，在无所不在、全知全能的上帝之眼看来，猫头鹰就是从那里往外凝视着我们的——它是智慧(*Sophia*)的象征"[5]。

另外的一些作者对猫头鹰的看法截然不同。事实上，他

猫头鹰在生命之泉中筑巢，出自博斯的三联画《人间乐园》中的《伊甸园》，1503—1504年，画板油画。

们把博斯所有的猫头鹰都看作“偏爱的死亡象征”或者“巫术和恶魔学潜藏的邪恶象征”，因为在博斯从事创作的中世纪时代，对于这种鸟类的主流观点就是这样的。[6] 我们再一次面对这个矛盾，将猫头鹰视为智慧的老鸟和夜晚的恶灵。如果说那些毕生研究博斯作品中复杂意象的博学学者都莫衷一是，那么很显然，这位艺术家留给我们的其实是一个无解的难题。

在这幅三联画巨大的中间幅上，又多了几只猫头鹰，不得不说，如果说它们理应是邪恶的象征，那么它们算得上格

站在水中被拥抱的猫头鹰，出自博斯《人间乐园》的中间幅《人间乐园》。

外友好、惹人喜爱的鸟儿了。事实上，在画板的最左边，站在浅水中的那只大猫头鹰，正在被一个裸体小人儿拥抱着，这个人的左手正在温柔地拥抱着鸟儿的胸部。一位学者对此的解释是，它描绘了“一个将自己托付给一只猫头鹰的小男孩，这象征着他已经沉溺于自然的神圣智慧，和他的同伴一样，那些人悠闲地依偎着他们长着羽毛的老师”[7]。对于本该是描绘了“人间之乐”的一幕，这种解释看上去确实更合适一些。当然了，除非博斯是在颂扬那些乖戾的中世纪教士的观点，他们把一切形式的快乐都视为邪恶，把一切形式的智慧都视为对虔诚信徒的无知单纯构成的威胁。

左页图）《人间乐园》中一片橘子树丛里的猫头鹰。

阿尔布雷希特 · 丢勒

最伟大的北欧文艺复兴艺术家阿尔布雷希特·丢勒（Albrecht Dürer，1471—1528）则截然不同。他显然很迷恋猫头鹰，他的一幅年代标记为1508年的猫头鹰水彩画成了艺术史上最著名、最受人喜爱的猫头鹰画像。

出生于纽伦堡的丢勒在欧洲各地到处旅行，大量记录了旅途中见到的野生动物。他为这些动物所画的画像，其精确、逼真的程度往往超出了人类的想象，因此他几乎可以说是西方艺术史上首位真正意义上的野生动物画家。

丢勒的猫头鹰完全符合其本来面目——一幅客观的、动物学意义上的肖像，全无通常的象征寓意。这只猫头鹰既不善良，也不邪恶，仅仅是栖息在那里，让画家去画，它被忠实地记录下来，由此产生了一件领先于时代500年的艺术品。

这并不意味着丢勒对于将猫头鹰表现为象征形象的盛行风潮无动于衷。他在很多作品中向我们展示了被其他鸟儿围攻的猫头鹰。在这样的一幅作品中，围攻就发生在神情悲伤的基督头顶上方。对这幅作品的解释是，“猫头鹰会与人类中最智慧的那一位拥有同样的命运，被嫉妒它的鸟儿们围攻，正如基督被对他的话充耳不闻的人们杀害”[8]。

这种解释是将被围攻的猫头鹰视为被钉死在十字架上之前遭受围攻的基督的象征，这与另外一些关于鸟类中这一事件的早期读物不一致，在那些读物的描述中，被围攻的猫头鹰属于邪恶角色，被视为“受到善力攻击的恶”，或者是遭受“文明开化的”昼行鸟类攻击的夜行生物。丢勒这位热诚的自然主义者或许是太喜欢猫头鹰了，所以不会用贬抑的手法去描绘它们。

阿尔布雷希特 · 丢勒的《小猫头鹰》（*Little Owl*），1508年，水彩。

米开朗基罗

米开朗基罗（Michelangelo，1475—1564）生前就被认为是神一样的人物，他主要专注于人体，很少描绘动物，除非是马或者家畜之类的动物，因为它们恰好与人物有所关联。他仅仅创作了一尊猫头鹰雕像，而且就连这尊雕像也得为一位斜倚的裸女充当陪衬。这里所说的裸女代表“夜”，而猫头鹰出现在那里，是象征夜的黑暗。它站在这名女子抬起来的左腿下方，双脚抓紧地面。它是一只骄傲、强大的鸟儿，大腿肌肉发达，还挺着胸脯。它的面部表明它是基于一只仓鸮创作的。米开朗基罗唯一的这尊猫头鹰雕像位于佛罗伦萨的圣洛伦佐教堂（Church of San Lorenzo），它所属的一项大型工程还包括朱利亚诺·德·美第奇（Giuliano de' Medici）之墓。

这座陵墓于1526年开工建造，于1531年完工，主要有两座裸体人物雕像，“夜”（一名女子）与“日”（一名男子）。这两个人物象征着人生受制于时间的法则与时光的流逝。这里的猫头鹰雕像是作为一种标记，表明“这个人物是代表夜晚的”。一些艺术史学家试图增加猫头鹰的分量，解释说它有某种保护的意味。它一副明目张胆的姿态，站在女子腿上弯曲的膝盖下方，挡住了原本是她的生殖器所在的地方，仿佛这只鸟正站在那里守卫着她的私处。所以这是不是也说明猫头鹰充当了保护者的角色？还是说这只猫头鹰扮演了更加邪恶的、与死亡有关的角色？如果是这样的话，艺术家或许是在贯彻这样一种想法，把死亡的象征安放在女子诞生生命的身体部位旁边。正是这类无解的论证，使得艺术史学家之间的口舌之争层出不穷。

米开朗基罗一生几乎没有描绘过任何种类的野生动物。即便是西斯廷礼拜堂穹顶画的伊甸园中的蛇，也是一个长着人类的头、臂和躯干的类人生物，只有尾巴是蛇尾。在他的绘画作品中，有两幅画的是一只鹰与一个人进行着殊死搏斗，还有一幅画的是类似情况下的一只狮子。有一两张龙的草图，还有一小张长颈鹿的涂鸦，仅此而已。猫头鹰是他以雕像形式创作的唯一的野生动物，对于这只独一无二的鸟来说，这是一份绝无仅有的荣耀。[9] 米开朗基罗的竞争对手列奥纳多·达·芬奇（Leonardo da Vinci，1452—1519）对于描绘各种类型动物的兴趣要浓厚得多，从螃蟹和蜻蜓，到熊和狼，却显然从未创作过猫头鹰。他所创作的鸟儿们仅限于鹰、隼、鸭子和鹦鹉。

米开朗基罗的猫头鹰，他为朱利亚诺·德·美第奇制作的陵墓雕塑局部，1526—1531年，佛罗伦萨圣洛伦佐教堂。

弗朗西斯科·戈雅

18世纪的西班牙艺术大师弗朗西斯科·戈雅（Francisco Goya，1746—1828）将猫头鹰视为一种夜行怪物，伺机袭来的梦魇生物。在著名的铜版组画《奇想集》（*Caprichos*）中，他描绘了一名趴在工作台上睡着了的艺术家（可能是他本人）。他身边围绕着十几只一脸恶相、长着翅膀的动物。远处的几只看上去像是大蝙蝠，但当它们靠近时，我们在房间的光亮下看得更清楚了，它们长着猫头鹰的翅膀和脸。这些猫头鹰蝙蝠，或者说蝙蝠猫头鹰，显然是要在梦境中纠缠这个睡着的人，从四面八方攻击他，正要抓咬他。在这张画以及戈雅的其他很多铜版画中，我们又遇到了从黑暗中显现、想要伤害我们的邪恶猫头鹰。

（右页图）弗朗西斯科·戈雅的《理性沉睡，心魔生焉》（*The Sleep of Reason Produces Monsters*），1797—1799年，铜版画飞尘腐蚀法。

戈雅的《战争的灾难》（*The Disasters of War*）系列充满了令人难忘的强暴、折磨与死亡的情景，猫头鹰也在其中有过一次富有戏剧性的登场，虽然它在这里的象征作用有点不一样。[10] 艺术家创作的这个系列，是对半岛战争（1808—1814）中发生的暴行做出的一种个人反抗。早期的图版展现了特定的暴力野蛮事件，但后期的图版更加富有寓意。

其中一幅有着一个古怪的标题《猫科动物的哑剧》（*Feline Pantomime*），展现了教众以布巴斯提斯（Bubastis）* 古埃及人的方式膜拜一只大猫。一只巨大的猫头鹰猛扑下来，显然是一心想要把爪子嵌入这只猫的身体，而猫也稍稍扭过头去迎接这次袭击。在这里，戈雅像是在暗中攻击教会，利用猫头鹰摧毁假偶像。因此，这只猫头鹰虽然是杀手，描绘

* 古埃及城市，是膜拜猫女神巴斯特（Bast）的中心城市。

43
El sueño
de la razon
produce
monstruos.

戈雅的《可否有人解放我们？》(*Is there no one left to untie us?*)，铜版画飞尘腐蚀法。

的是野蛮行径迫在眉睫的瞬间，但它在这里的作用是对抗和摧毁误入歧途的神职人员的敬拜对象。与戈雅其他的梦魇猫头鹰放在一起来看的话，这一只证实了艺术家是将猫头鹰用作死亡与毁灭的总体象征，虽然被袭击的对象可以有很多种。

爱德华·利尔

爱德华·利尔（Edward Lear，1812—1888）是一位严肃的维多利亚时代艺术家，他为了取悦赞助人德比伯爵（Earl of Derby）的孩子们而创作的打油诗和漫画，使得他的风景画和动物画相形见绌。利尔是一位野心勃勃的艺术家，曾经被聘为维多利亚女王的绘画教师，却身患癫痫症和周期性的重度抑郁症，这对他的创作造成了负面影响。若不是终生为病魔所诅咒，那么如今我们对他的评价很可能就是一位大艺术家了。他最为引人注目的一张猫头鹰画像是《眼镜鸮》（*Spectacled Owl*），画于1836年，当时他才20岁出头。[11]

巴勃罗·毕加索

因为其独特的头部形状和大眼睛，猫头鹰依旧是当今艺术家特别喜爱的一个形象。巴勃罗·毕加索（1881—1973）在20世纪40—50年代创作了整整一个系列的猫头鹰绘画，当他转而从事陶艺时，猫头鹰也是壶壶罐罐的常见主题。由于他那双著名的、凝视的眼睛，他甚至把自己想象成猫头鹰。

巴勃罗·毕加索的《猫头鹰》（*The Owl*），1953年，彩绘陶瓷。

（左页图）爱德华·利尔的《眼镜鸮》，1836年，水彩。

曾有一次，当他的摄影师朋友大卫·道格拉斯·邓肯（David Douglas Duncan）为他专注的凝视拍摄特写时，他把这双眼睛化为了猫头鹰的眼睛。邓肯扩印了两张照片，请毕加索在上面署名。艺术家拒绝了，“随即拿起速写本，撕下两页纸，拿来剪刀，然后是炭笔，不出几分钟，就完成了两张巴勃罗·毕加索化身为猫头鹰的自画像”。每一张他都仅仅是把照片中自己的两只眼睛剪下来，粘贴在速写本的内页上，然后在周围画出猫头鹰的脑袋。[12]

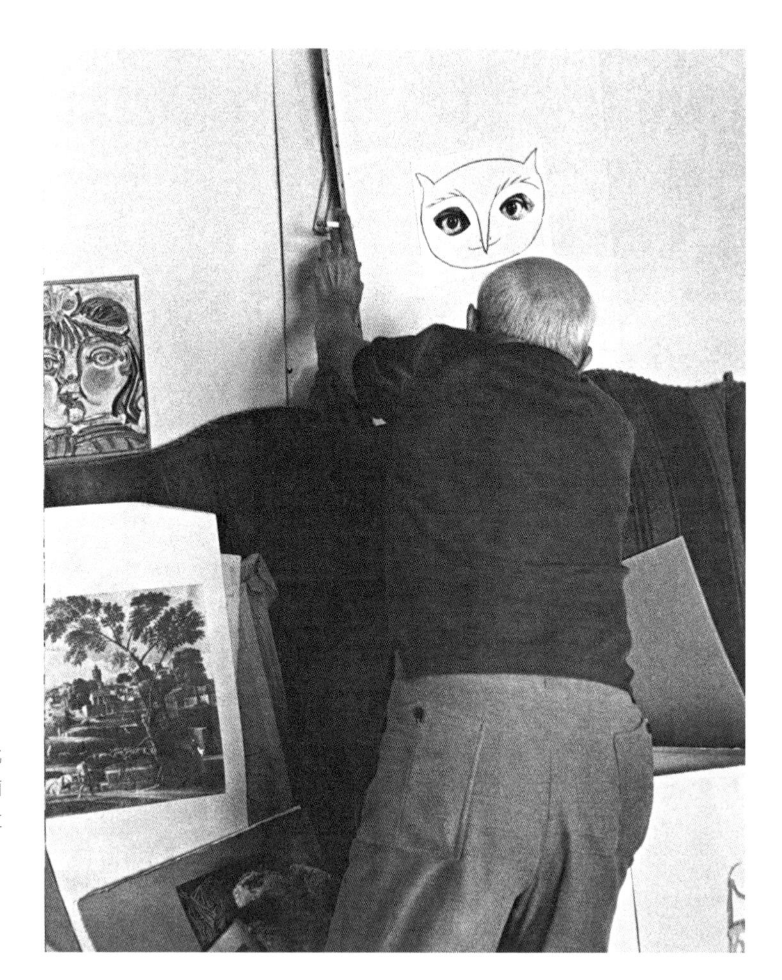

毕加索检查自己化身为猫头鹰的自画像，大卫·道格拉斯·邓肯摄影。

毕加索与一只猫头鹰。

毕加索为猫头鹰着迷，也很清楚自己的脸有一种酷似猫头鹰的特质。他甚至一度在家里养过一只活的纵纹腹小鸮作为宠物。这只猫头鹰是人物摄影师米歇尔·希马（Michel Sima，1912—1987）1946年在昂蒂布（Antibes）送给毕加索的，他还拍了一张毕加索托着这只鸟的照片，颇有纪念意义。希马是在毕加索工作的昂蒂布博物馆（Musée d'Antibes）的角落里发现这只猫头鹰的。它当时的状况很糟糕，一只爪子受了伤，毕加索悉心照料它，对这只爪子进行了包扎，直到它痊愈。这只猫头鹰被装在一个专门的笼子里带到了巴黎，在巴黎，它和毕加索的金丝雀、鸽子一起生活在他家的厨房里。他把工作室里捕捉到的老鼠拿来喂它，那里的老鼠显然有很多，可事实证明它是一只脾气很臭的宠物，只会偶尔冲它的新主人哼一声。这时毕加索会对这只猫头鹰骂骂咧咧地大喊大叫，可没有效果，只能换来又一声哼哼。

巴勃罗 · 毕加索的《装猫头鹰的笼子》(*The Owl Cage*)，1947年，画板油画。

毕加索的纵纹腹小鸮是一只非常注重隐私的鸟儿，厨房里有人时，就不吃提供给它的老鼠。然而一旦房间空了出来，哪怕只有一分钟，等到艺术家回来的时候，老鼠就已经不见了。弗朗索瓦丝 · 吉洛（Françoise Gilot）在自传《与毕加索在一起的日子》(*Life with Picasso*) 中记录道：毕加索“常常把手指伸进笼子的铁条间，猫头鹰就会咬他，但毕加索的手指虽然短小，却很硬，猫头鹰并没有咬伤他。到头来，猫头鹰会让他搔它的头，还渐渐开始栖息在他的手指上，不再咬了，可即便如此，它看上去还是一副闷闷不乐的样子”。

毕加索用他的宠物给自己 1946 年的一幅画当模特，这幅画名为《在椅子上的猫头鹰和海胆》(*Owl on a Chair and Sea Urchins*)，画了一只栖息在椅背上的猫头鹰，在米歇尔 · 希马拍摄的照片中可以看到。照片中的毕加索双手托着此时此刻

巴勃罗·毕加索的《在椅子上的猫头鹰和海胆》，1946年，木板油画。

相当闷闷不乐的这只猫头鹰，而之前的那张画就摆在他们身后。因此这张照片上有三双聚精会神地凝视着的眼睛——他的、鸟的和画上的，而这三双眼睛的相似之处，显然正是他摆出这款必然很难摆的造型的用意所在。[13]

说到猫头鹰的象征意义，虽然毕加索肯定知道这些鸟儿在古希腊是智慧的象征，但他本人更多地视其为夜晚的怪物、死亡的使者。他肯定知道我们之前讨论过的戈雅的铜版画《理性沉睡，心魔生焉》，在那张画中，沉睡的人物被一群一脸恶相的猫头鹰围绕着。1948 年，毕加索画了一匹取出内脏的马（这个形象来自他对西班牙斗牛中虐待马匹情况的了解）的素描，恶意满满，画中有一只猫头鹰静静地栖息在马头上——显然象征着这只受伤的动物死期将至。

勒内 · 马格利特

猫头鹰在比利时超现实主义者勒内·马格利特（René Magritte，1898—1967）的作品中多次出现。第一次描绘它们的是1942年一幅阴郁的作品，名为《恐惧的同伴》（*The Companions of Fear*）。这幅画是纳粹占领比利时期间在布鲁塞尔画的，描绘了荒无人烟、岩石嶙峋的景象，里面的植物顽强地突破坚硬的地表。有五株植物绽放了，开的不是花，而是绿色的猫头鹰。叶子垂直地破土而出，渐渐转化为猫头鹰的身体，成了半叶半鸟的混合物。和马格利特的很多作品一样，这个形象让人心烦意乱，因为它捉弄了人们的思绪。

长成植物的猫头鹰：勒内·马格利特的《恐惧的同伴》，1942年，纸上水粉画。

在几年前写给一个朋友的信中，艺术家解释道："我在绘画方面有了一个非常惊人的发现。到目前为止……一个物体的位置有时足以让它变得神秘莫测。但我在这里做的实验有了成果，我发现了事物一种新的可能性——它们能够渐渐变成别的东西，一个物体化为另一个不同于自身的物体……通过这种方式，我创作了这样一些画，眼睛对它们的'思考'方式必定与往常截然不同。"[14]

这幅画中的叶子猫头鹰有一种邪恶的特质。它们并不是智慧或者友善的猫头鹰，而是杀手。马格利特仿佛在说，被纳粹占领的战争年代，恐惧席卷了整个国家，就连植物都可能变成一群鬼鬼祟祟的夜行掠食者。1944年，他画了一个类似的场景，但里面的猫头鹰变成了白色。画中央的鸟儿长着巨大的耳羽，看上去像角一样，马格利特给一个朋友写信，谈到"我画中的这对尖耳朵……会不会与撒旦崇拜有关呢？"[15]换句话说，他是在思考猫头鹰邪恶的、撒旦一般的角色。

随着第二次世界大战如火如荼地进行，马格利特决定反抗这一时期暗无天日的惨状，他采用了一种新的绘画风格，称之为"阳光"作品，他在这些作品中大胆采用一种乐观、欢快的手法来呈现他的意象，并运用了一种印象派的技法。这些画中有一幅名为《梦游者》（*The Sleepwalker*），他在这幅画中向我们展示了一只大猫头鹰栖息在一扇被阳光照耀的窗户上。这只鸟儿一边饮酒消遣，一边心满意足地抽着烟斗。一位研究马格利特的专家评论道："意味深长之处在于，即便是热爱黑暗与夜晚的猫头鹰，我们也能看见它在白昼与阳光中自得其乐。这幅作品虽然渗透着感伤主义，却还是把不可调和的矛盾——光明和暗黑的猫头鹰——融为了一体。它将不可能存在的事物——一只热爱阳光的夜行掠食者——化为了现实。”[16] 马格利特以他典型的倔强，向我们展示黑暗之鸟享受着明亮的日光，而真正的猫头鹰是绝不会这样做的。其中的政治含义很明显。他是在对纳粹说，你们或许给我们带来了黑暗的时光，但你们无法压垮我们的精神。事实正是——就连那身为黑暗同义词的生物，也已经出来迎接阳光了。

其他现代艺术家

保罗·克利（Paul Klee）、马克斯·恩斯特（Max Ernst）、萨尔瓦多·达利（Salvador Dalí）、雅克·赫罗尔德（Jacques Herold）、格雷厄姆·萨瑟兰（Graham Sutherland）、贝尔纳·布菲（Bernard Buffet）以及其他众多艺术家偶尔也会让猫头鹰在作品中出现，但他们对这鸟儿往往有失公允，或者是没能创造出令人难忘的形象。然而，专攻与众不同的鸟类绘画的美国人莫里斯·格雷夫斯（Morris Graves，1910—2001），的确为我们留下了一个难忘的形象，这个形象就算不是特指猫头鹰，也肯定是受到了猫头鹰的启发。

这幅名为《天眼中不为人知的鸟》（*Little Known Bird of the Inner Eye*）的画向我们展示了一只四条腿的怪鸟，脸又宽又平，张开小巧的喙，被困在一个逼仄的空腔或者洞窟中。

莫里斯·格雷夫斯的《天眼中不为人知的鸟》，1941年，水粉。

和象形文字中的埃及猫头鹰一样，它的身体也是以侧面呈现的，脸却被画成正面凝视着观者。

这幅画画于1941年，当时第二次世界大战激战正酣，关于这幅画，据说："这个受到猫头鹰启发的形象，表达了艺术家对于心灵中的隐藏部分的见解，我们从中认识到的现实，要比从日常世界中认识到的更高级。"格雷夫斯本人说："我画画为的是从外界的种种现象中抽身出来……以及为其本质做标记，以此来证实天眼的存在。"[17] 这个特别的、酷似猫头鹰的生物仿佛是为了躲避战争的恐怖，撤退到了一个隔绝于外部混乱的安全场所。或者也许是四条腿猫头鹰形态所象征的那种智慧，正在从战时人类的野蛮愚行中抽离。

被称为现代原始派、星期日画家或者非主流艺术家的那些自学成才的艺术家们，偶尔也会创作出令人难忘的猫头鹰。在英格兰，有一位特立独行的艺术家弗雷德·阿里斯（Fred Aris，生于1932年），他曾经在伦敦南部经营一家咖啡馆，但现在是全职作画，他为著名的猫头鹰和猫咪的故事创作了自己独一无二的版本。遥远的大海上，一只巨大的姜黄色虎斑猫卧在一艘小划艇的船首，而猫头鹰直挺挺地坐在船尾，背上背着一把吉他。这两只夜行掠食者处在这样一个别扭的环境中，自然是一幅无精打采的样子，但它们好像已经认命了。离岸太远，猫咪游不过去，吉他太重，猫头鹰也飞不回家，于是它们就坐在那儿，耐心地完成利尔先生的打油诗中提出的要求。[18]

在美国，有一位名气越来越大的非主流艺术家汤姆·杜伊姆斯特拉（Tom Duimstra，生于 1952 年左右），署名时经常简写成 Tomd.，他对猫头鹰分外钟爱。来自密歇根州大急流城（Grand Rapids, Michigan）的民间艺术家汤姆深受很多美国名人喜爱，例如演员苏珊·萨兰登（Susan Sarandon）、歌手寇特妮·洛芙（Courtney Love），还有已经开始收藏其作品的作家汤姆·罗宾斯（Tom Robbins）。他和安迪·沃霍尔的作品在荷兰一同展出，他的猫头鹰也具有一种极为原始的特质，让人过目难忘。

汤姆·杜伊姆斯特拉（Tom Duimstra，'tom d"）的《两只猫头鹰和鸟》（*Two Owls and Bird*），2000年以后，厚纸板丙烯拼贴画。

海伦 · 马丁斯位于南非新贝塞斯达的猫头鹰之家拱门道。

在南非，有一件非主流艺术杰作位于偏远的新贝塞斯达（Nieu Bethesda）村。它叫“猫头鹰之家”（*The Owl House*），凝聚了遁世奇人海伦 · 马丁斯（Helen Martins，1897—1976）的毕生心血。海伦出生在这个村子里，后来离开村子成为一名教师。结婚又离婚之后，她于 20 世纪 20 年代末回到了出生地，照顾年事已高的父母。父母去世后，年近半百的她孑然一身，形影相吊。她不受其他村民的欢迎，愈发离群索居。她决定把自己的草原小屋改造成一件不朽的艺术品，为这灰蒙蒙的世界增色。

这座房子的墙壁上包覆着碎玻璃、发光涂料、彩色窗玻璃，还有成角度的镜子，映照着许许多多燃烧的蜡烛，营造出一个奇幻世界。在屋外，她用数以百计的奇异神兽模型和巨大的神兽雕塑包围了这座房子。一只冷静淡然的双面猫头鹰看守着毗连大街的拱道入口。她一直沉浸在整个工程中，直到 78 岁时喝下烧碱自杀身亡。如今“猫头鹰之家”是一处向游客开放的旅游景点，她历经多年打造的这个超现实世界令游客瞠目结舌，高高在上的大猫头鹰雕塑翅膀大张，仿佛正要俯冲到下方的人脑袋上。这座房子于 1991 年被宣布为国家纪念物。

最后要说到最近一位把有趣的猫头鹰形象带给我们的知名人士，那就是著名的英国艺术家翠西·艾敏（Tracey Emin，生于 1963 年）。翠西把她没铺好的床放在泰特美术馆作为艺术

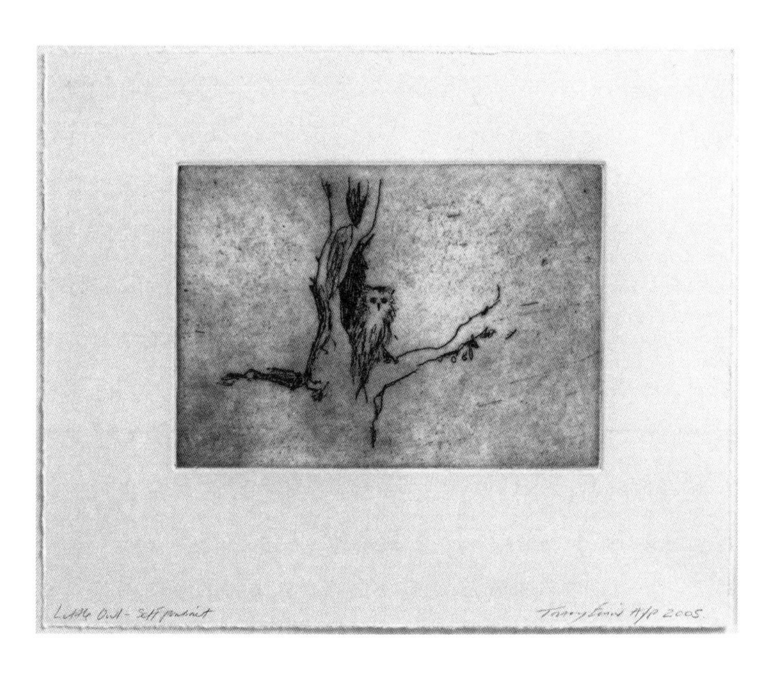

翠西·艾敏的《小猫头鹰——自画像》，2005年，蚀刻版画。

展品，这件事成了人们的笑柄，而她其实是一位比小报灌输给我们的要严肃得多的艺术家。她赤裸裸地向我们呈现了她纷繁的性生活，这件事也让她恶名远扬，但她同时也是一个复杂的个体，她的名流生活方式似乎是想要隐藏她真正的性格。然而事实或许就在无意间从她的猫头鹰小蚀刻版画中浮现了出来。线索就是它的标题：《小猫头鹰——自画像》（*Little Owl — Self-portrait*）。我们看到画中的猫头鹰非常孤独，羽毛凌乱、无依无靠地栖息在树丫上。除此之外，整个场景空无一物。在自然界中，猫头鹰是一种离群索居的鸟类，艾敏的猫头鹰也极为孤独。如果她就是这样看待自己的，那么她尚未找到人们觉得她渴望的那种成就感。和其他很多艺术家一样，对她来说，猫头鹰也不只是一只猫头鹰，而是某种象征或者隐喻，在这儿的含义似乎是代表了孤独。

再搜寻出几百件描绘猫头鹰的艺术品也是有可能的。很显然，猫头鹰对于各地的艺术家来说，都是视觉上的一份厚礼。即便是那些很少画其他鸟类的艺术家，偶尔也会不能自已地勾勒出那些硕大的眼睛和圆溜溜的脑袋。因为猫头鹰的形象有着丰富的神话历史，所以吸引着我们为看到的每一只画出来的猫头鹰寻求一种象征性的阐释，但这样做是错误的。对于很多艺术家来说，猫头鹰本身仅仅是一个用来欣赏的美丽形态，并没有传奇性的或者深层次的心理学潜台词。象征意义对于某些人来说或许很重要，但在另外一些人看来，想要更好地欣赏，不妨忽略艺术史学家那些有时甚至复杂到荒诞可笑的阐释。套用一下格特鲁德·斯泰因（Gertrude Stein）的说法，一只猫头鹰是一只猫头鹰是一只猫头鹰……*

* 此处套用了美国作家格特鲁德·斯泰因（1874—1946）的诗句：Rose is a rose is a rose is a rose.

第九章

典型的猫头鹰

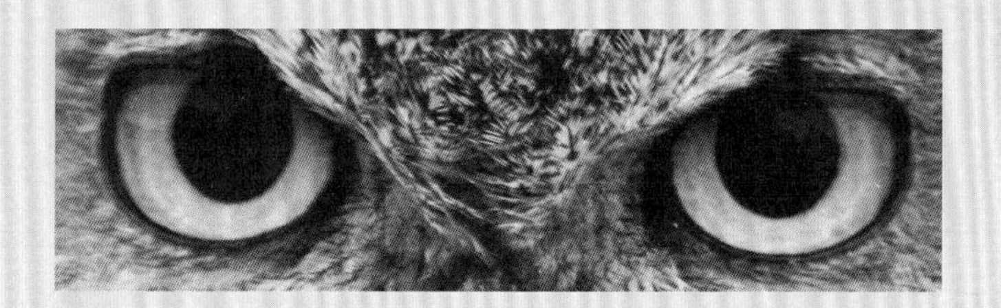

Chapter Nine Typical Owls

（右页图）脚上长着羽毛的雪鸮。

我们已经领略了数个世纪以来人类看待猫头鹰或者与之互动的多种方式，然而还有一个问题要问：关于这些非凡的鸟儿的科学真相是什么？关于猫头鹰的古老故事，有多少建立在事实的基础之上，又有多少经过了大肆歪曲或者不切实际的夸张？近些年来，人们进行了大量有关猫头鹰家族的研究，如今，我们对于一只典型的猫头鹰所具备的特征，以及有多少非同寻常的变种，都已经了解清楚了。

所有的猫头鹰都是掠食者，绝大多数种类的猫头鹰只在夜间活动。不过有几种已经适应了日间狩猎，例如栖息于寒冷的北极地区的雪鸮。猫头鹰视力极佳，听力优异，独特的大脑袋轮廓让人一眼就能认出来。猫头鹰就是猫头鹰，没有半吊子，没有什么模棱两可的形态能够引起关于某只特定的鸟是不是猫头鹰的争论。

作为掠食者，猫头鹰大多具备无声飞行这项极大的优势，不过有几种已经丢弃了这项特征，现已和其他鸟类一样发出翅膀扑棱声了。典型的猫头鹰还有一种特殊的趾型，叫作对趾（字面意思是“成对的脚趾”），在这种趾型中，两趾向前，两趾向后。其他鸟类大多是三趾向前，只有一趾向后。雪鸮的脚被羽毛包覆得严严实实，在冰冻的大地上起到保护的作用。

(左页图) 猫头鹰的伪装：纳米比亚的非洲角鸮栖息在一棵骆驼刺树上。

就社交而言，猫头鹰在相当程度上是独居动物，白天自己藏起来睡觉，晚上独自狩猎。它们只在繁殖季节聚在一起，除了几种特例。唯一一种经常打破这项规则的是穴小鸮（burrowing owls），在它们的洞穴附近，常能观察到几个家庭在一起组成的一小群。虽然它们的天性是独居的，但英语里确实有一个用来指称猫头鹰的集合名词。一群猫头鹰被称作“猫头鹰议会”（a parliament of owls）。之所以这样叫，是因为人们觉得它们聪明，还是因为人们认为它们邪恶呢？答案尚不清楚。

如果没有足够多的安全栖息地，一些猫头鹰是可以忍受和几个同类睡在一起的。睡着了的猫头鹰容易受到攻击，所以不得不权衡一下，究竟是需要隐私，还是需要保证白天的安全。如果某地恰巧有一棵极具诱惑力的大空心树，附近又没有其他合适的栖木，那么一群猫头鹰便会共用这棵树，并不是把它当成活跃的社交中心，而仅仅是作为方便的宿舍。如果一只猫头鹰没有合适的裂缝用来睡觉，那么它只得在高处的树枝上靠着树干找个僻静处将就了。这时猫头鹰典型的褐色斑纹羽毛就很重要了，可以伪装成树皮。一些猫头鹰甚至还能摆出一种姿势，看上去像是伸出来的树桩，它们保持不动，眼睛紧闭，漫不经心的过客几乎看不见它们。

眼 睛

相对于体型来说，猫头鹰的眼睛格外地大，一些种类的眼睛重量与人类相当。眼角膜暴露在外的面积也很大，两只眼睛分得很开。这些都是为了夜行猛禽的生活而出现的、特殊的适应性变化。头盖骨上的眼睛分得很开，这一特征使得这种鸟儿具有了独特的大脑袋轮廓，并且有助于改善它们的立体视觉，这对于抓捕猎物是很重要的。事实上，它们的立体视觉是所有鸟类中最好的。

（右页图）一只北方斑点鸮（spotted owl）转头凝视身后。

位于正面的眼睛是猫头鹰最为明显的特征，但猫头鹰绝对不会眼睛盯着你转，或者斜眼看你。这是因为猫头鹰的眼睛和人眼不一样，是固定在眼窝里的。如果猫头鹰想要看向一侧，它无法转动眼珠，必须转动整个脑袋才可以。它对于这项操作极其在行，脑袋可以横向旋转 270°，上下转动 90°。这可能是因为它有 14 块颈椎骨，是人类的两倍，因此它的颈部格外灵活。

大多数动物的眼睛是球形的，但猫头鹰不是。它们长的不是眼球，而是管状眼睛。这些非同寻常的眼睛被骨质的巩膜环或者巩膜小骨固定住。正是这种管状造型使得猫头鹰的眼睛能够在眼窝里转动。有时人们认为这种奇异的眼型是作为夜间视力的辅助而进化的，但世界上最权威的动物眼睛专家戈登·沃尔斯（Gordon Walls）明确表示，这种眼型“对于在昏暗光线下行动时的视力没有任何帮助”[1]，而它真正的作用是让猫头鹰家族无须占用太多头部空间便可进化出大眼睛来。

（上图）一只四周大的黄雕鸮雏鸟，露出奇异的、管状造型的猫头鹰眼睛。

（下图）橙色的猫头鹰眼睛特写。

在明亮的光线下，乌林鸮的瞳孔很小。

如果猫头鹰长着巨大的球形眼珠，那么两眼之间就没什么地方留给脑子了。当我们观察成鸟时，猫头鹰眼睛的管状造型是看不见的，但在一些只有几周大的猫头鹰雏鸟身上，这个奇异的特征清晰可见，使得它们外表看上去像是来自另一个星球的外星人。

猫头鹰的每只眼睛都有三层眼睑，分别是上眼睑、下眼睑和眨动的中眼睑。眨动的眼睑呈对角线方向掠过眼角膜表面，起到清洁或保护的作用。对于这三层半透明的眼睑，猫头鹰可以单独使用，也可以一起使用。几乎所有种类的猫头鹰都长着亮黄色的虹膜，与中央一个黑点的瞳孔形成鲜明的对比。在一些种类的猫头鹰身上，这种黄色暗至橙色，甚至是褐色，但当猫头鹰在夜间活动时，这些颜色上的差异无关紧要，因为这时的瞳孔会放大，用黑色填满整个区域。

猫头鹰的眼睛有两个重要任务——在很暗的光线下看清

东西，以及辨认出地面上最细微的活动。这两项要求——视觉敏感度和视觉敏锐度——对于猫头鹰以夜行猛禽的身份生存至关重要。因此它们的远距视力极佳也就不足为奇了，虽然它们对近处的物体进行锐聚焦的能力很差。在仓鸮身上进行的严谨测试证明，它们的视觉敏感度至少比人类强 35 倍，这样的结果也不值得大惊小怪。

人们对猫头鹰有一个很大的误会，认为它们在明亮的光线下看不见东西。数个世纪以来，这个臆想出来的弱点一直是传说和民间故事的基础，但这绝非事实。事实上，威风凛凛的雕鸮（eagle owl）的日间视力比人类还要好一点儿。猫头鹰的瞳孔可以缩成针尖大小，使得透入的日光大幅度削弱，这样它们即使在正午时分也能看清东西了。

耳　朵

猫头鹰即便远距视力极其敏锐，也不是总能看见猎物。比如说它看中的猎物可能藏在一大片树叶下面，那么要想确定它的方位，唯一的线索就是它弄出来的微弱的沙沙声。这时猫头鹰高度敏锐的听力就派上用场了。实验室的猫头鹰实验表明，它们的听力大约是人类的 10 倍。另有测试显示，即使是在全黑的环境下，假如老鼠发出某种沙沙声或者吱吱声，仓鸮（barn owls）就能发现并杀死这些猎物。

某些种类的猫头鹰耳羽很明显，像头顶上突出来的两只角，必须强调的是，耳羽和听力没有任何关系。它们的主要猫头鹰暴露在外的耳朵，出自乌利塞·阿尔德罗万迪的《全集》（*Opera Omnia*，1656）第8册《鸟类学》（*Ornithologia*）。

作用是充当信号发射器，表示猫头鹰的心情，或者是它所属的种类。猫头鹰真正的耳朵一直是完全隐藏在大脑袋两侧的羽毛中。对于一只驯养的猫头鹰，如果用手指把这部分羽毛轻轻地拨开，下面的大耳孔就会露出来。猫头鹰耳朵极其高等的演化并不是什么新发现。早在1646年出版的阿尔德罗万迪（Aldrovandus）的巨著《博物志》（*Natural History*）中，就有一张图展示了头部羽毛之下的猫头鹰耳朵复杂的结构。

猫头鹰耳朵进化到最高等的形态时，在头部的分布是不对称的，一只耳朵高，一只耳朵低。这就使得下方地面上传来的细微声响到达一只耳朵的时间要比到达另外一只耳朵略早那么一点儿，因此一只耳朵听到的声音也要比另一只耳朵响一些。而且如果猎物位于猫头鹰盘旋的地点左侧，它穿过树叶时发出的沙沙声会先传到猫头鹰的左耳，然后才是右耳，反之亦然。

令人惊奇的是，猫头鹰接收这些声音时，能够觉察出细微到 3 000 万分之一秒的时间差。猫头鹰脑中与接收声音有关的区域比其他鸟类发达得多，这倒不足为奇。拿乌鸦来说，猫头鹰这个区域的复杂程度是乌鸦的三倍。

大多数猫头鹰都拥有长着细小羽毛的凹陷面盘，它对于这种精确的听觉过程很有帮助。这面盘就像是一个雷达反射器，把声音导入耳中，甚至还有特殊的面部肌肉可以改变面盘的凹陷度，随着猫头鹰在猎物上方盘旋而调整得深一些或者浅一些，对猎物进行精确定位。一旦确定了猎物的位置，猫头鹰就会迅捷无声地俯冲下来，脚趾大张，准备一击致命地抓住浑然不觉的猎物。如果在猫头鹰急速俯冲的过程中，猎物移动了，那么猫头鹰也能相应地调整飞行路线。

在 20 世纪 60 年代，为了找出哪种猫头鹰的听力最好，人们进行了一些测试。测试结果表明，那些生活在北方森林中的种类要比那些来自热带的种类听力更好。考虑到夜里在北方松林中狩猎的情况，再比较一下在热带雨林中狩猎的情况，就能说得通了。寒冷的北方森林的午夜必定是一片死寂，盘旋的猫头鹰就连老鼠的脚步声都能听见。然而在热带雨林的午夜，昆虫滋儿哇和青蛙咕儿呱的叫声响彻夜晚的半空，猫头鹰无法仅凭声音分辨出特定的猎物，因为太吵了。对于热带的猫头鹰来说，光线晦暗的黎明和黄昏时分必然会成为更重要的狩猎时间，在这样的时候侦查猎物，视力的作用更大。

狩 猎

夜间外出狩猎时，猫头鹰会盘旋一阵子，利用令人称奇的眼睛和耳朵注视、谛听。如果什么也没侦查到，它会悄无声息地来到一个新地方，在那里盘旋。一旦它侦察到猎物，便会俯冲而下，直到距离猎物约60厘米远，随即将脚爪转成朝前的位置，脚趾张开，准备出动利爪。然后它在转瞬之间猛扑向猎物，紧紧钩住，猎物通常是当即毙命。如果遭到抵抗，强力、弯曲的喙便能够发挥作用。这时猫头鹰往往会用爪子携着尸体，飞到树枝上，如果尸体不是特别大的话，就用它的喙衔着。它一落在树枝上，就开始把猎物整个吞下，完成这一过程常常需要狠狠地吞咽几下。只有在个别情况下，当猎物异常庞大时，猫头鹰才会在吞食之前先把它撕碎。很小的猎物有时就在被捕的地方被当即囫囵吞下。

一些种类的猫头鹰的翅膀比其他种类更短，这一类型通常更喜欢所谓的栖息狩猎。它们在某种树桩或树枝上占据一个合适的位置，栖息在那儿，静待附近的猎物发出动静。这种情况出现时，它们立即俯冲下来，将猎物一把抓住。这种不怎么消耗精力的狩猎形式，需要在猎物容易得手的环境下进行。

不能让耳朵可能也很灵敏的猎物听见猫头鹰过来，这一点在狩猎过程中是很重要的。我们已经说过了，猫头鹰飞行时安静得可怕，但还没有解释它是如何做到的。其中的奥妙在于飞羽的构造，也就是翅膀尖端主要的长羽毛。

携着猎物的猫头鹰，出自乌利塞·阿尔德罗万迪的《全集》第8册《鸟类学》。

其他鸟类的飞羽很硬，表面粗糙，边缘光滑，例如鹅毛笔上的鹅毛，但猫头鹰的飞羽的边缘是精致的锯齿状，表面柔软平滑。当猫头鹰在夜空中扇动翅膀时，这些特性减少了空气在翅膀周围流动时的摩擦，也抑制了鸟在上方盘旋或者飞过时本应发出的嗖嗖声。然而这精致的构造也是有代价的，因为翼羽比较柔软，意味着猫头鹰狩猎时更辛苦了，但相比于无声飞行为隐秘的掠食者带来的巨大优势，付出这份额外的辛苦也是很值得的。

左页图）一只正在狩猎的仓鸮盘旋在田野上空。

携着猎物的仓鸮（*Tito alba*）。

猫头鹰的食谱多种多样，但在它们吃掉的食物中，田鼠、小鼠和大鼠这几种啮齿类动物必定占了大半。就这方面来说，应当把猫头鹰视为珍贵的害虫克星、农民的好朋友。遗憾的是，关于猫头鹰的古老迷信未能消失，这意味着即使到了现在，在一些地区，猫头鹰依然在遭受残害，而没有受到珍视。

它们吃掉的食物还包括形形色色的小鸟，偶尔还有兔子、携着猎物兔子的雕鸮（*Bubo bubo*）。

鱼、两栖动物和爬行动物。较大的猫头鹰并不尊重同类，经常捕食较小的猫头鹰种类。据我们所知，最大的猫头鹰会捕食狐狸、小鹿和狗那么大的动物。最小的种类更喜欢大型昆虫、蜘蛛和其他无脊椎动物。它们会在飞行时捕食昆虫。

携着猎物鲶鱼的横斑渔鸮（*Scotopelia peli*）。

已知当食物异常丰盛时，猫头鹰会为自己储存一些。多出来的猎物会被塞进树洞里，放在一根合适的树枝的褶皱或树杈上，有时甚至是在巢里。

食　茧

把猎物整个吞下的猫头鹰要面对一个问题。它们可以免除辛苦的食物准备工序，但随之而来的是，胃里塞满了无法消化的材质，例如骨头、喙、爪子、牙齿、鱼鳞和昆虫骨骼。这些多余的材质聚成一个湿漉漉、黏糊糊的椭圆形食茧，之后又被猫头鹰反刍出来。猫头鹰能够设法以一种特定的方式塑造食茧，把比较尖锐的物体包在里面，外层是吐出来的比较平滑的材质，比如皮毛或者羽毛，这对于反刍是很有帮助的。这样猫头鹰就只留下猎物身上柔软的部分了，在蛋白水解酶和胃酸的帮助下很容易消化。

猫头鹰正在吐出食茧。

穴小鸮和刚吐出来的食茧。

在猫头鹰的栖息处或者巢附近的地面上发现的这些食茧，对鸟类学家帮助极大。从林地收集食茧，仔细拆解，分析里面那些未消化的内容物，就可以很精准地估测出猫头鹰的进食习惯。猫头鹰从胃通到肠子的幽门口相当窄，这对于研究者也很有帮助。除了极其细小的骨头或者别的什么碎片，其他的东西全都过不了胃，因此反刍出来的食茧往往包含了前一天夜里吞下的猎物近乎完整的骨骼，有助于识别猎物的种类。

分析猫头鹰的食茧是一种极好的教学方法，甚至还成立了专门的公司，只为向学校和其他教育机构提供食茧。例如，食茧有限公司（Pellets Inc.）豪言道："我们以供应全世界最好的仓鸮食茧和最完善的配套产品线为傲……因为我们出售的每一个食茧都要经过收集、加热消毒、分类、包装、运送，我们保证最高的品质和服务。18 年来，一直……对我们出售的每一个食茧进行仔细的手动分类和包装。"[2]

猫头鹰食茧的形成要遵循一个规律的周期。首先，猫头鹰捕获、杀死、吞下整个猎物。小小的尸体顺着它的食管落下，因为猫头鹰没有嗉囊，所以是直接进入它的腺胃，也就是前胃，在里面被消化液侵蚀。之后，它继续移动到肌胃，或者叫砂囊，猎物身上可以消化的部分从这里传送到肠子进行吸收，而无法消化的部分就结成食茧。然后这个食茧又被传送回腺胃里，在里面储存长达 10 小时。在周期中的这个阶段，猫头鹰不能进食，因为食茧阻塞了这个系统。当猫头鹰准备再次狩猎时，它开始表现出难受的样子。它闭上眼睛，上上下下伸脖子，张着喙。就在这时，食茧从它的嘴里掉了出来，落到地面上。现在这只鸟准备再次狩猎，这个周期也完成了。

一只长耳鸮（*Asio otus*）的食茧内容物。

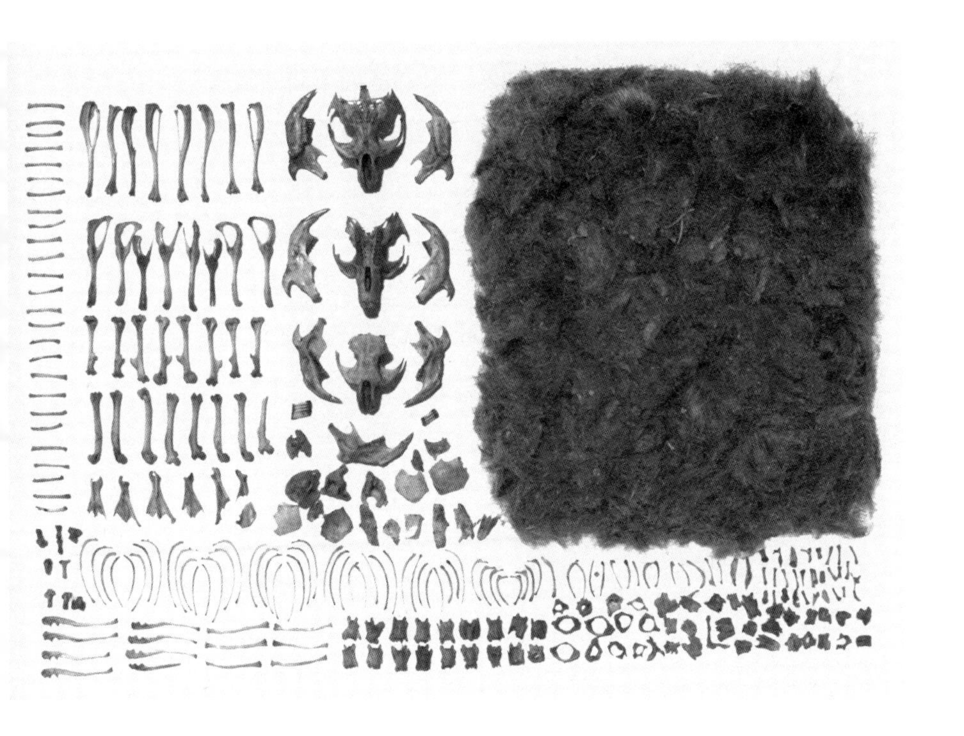

声 音

据说听见猫头鹰叫声比看见它们的时候更多，这就可以解释为什么有些人害怕它们，还有些人觉得它们怪异、神秘了。它们并不是鸣禽。即便是人们认为灰林鸮会发出的那种 *tu-whit tu-whoo* 的叫声，对它们来说也还是过于友好、亲切了。要是在夜空中听到了大多数猫头鹰的叫声，你可能会想象自己正站在一间处刑室外面。据说它们会咕咕叫，但事实上它们更像是在尖叫、喊叫、吱吱叫、嘎嘎叫。我们还知道另外一些猫头鹰会发出嗥叫、打鼾、嗡鸣、咳嗽或者和鸣的声音。有的声音听起来像是机器需要上油了，还有的像是电池没电时发动汽车的声音。更有甚者听起来像是一只大蚂蚱，或者吠叫的梗犬与长臂猿的杂交产物。只有最大个儿的猫头鹰会发出比较圆润、柔和的声音，而即便是这样的声音，也会使人联想到某个装鬼吓唬小孩子的人。

大雕鸮（*Bubo virginianus*）叫声的录音很有趣，因为能够反映出每一只鸟都有自己独特的、由“呜呜”声组成的莫尔斯电码，这很可能意味着个体之间可以很容易地互相识别，即使它们“歌曲”中的音符全都不超过两个，即一个长音“呜——”和一个短音“呜”。

一只叫道：呜——呜呜呜呜——呜——

另一只叫道：呜——呜呜 呜呜呜——

第三只叫道：呜——呜呜呜 呜——呜——呜——

这些微妙的区别对于互相竞争的雄性来说已经足够了，它们在夜里彼此通过叫声发出领地位置的信号，保卫它们的猎场。如果一只猫头鹰在夜里突然停下来不叫了，那么它的领地就会逐渐被临近的竞争对手吞并。

在繁殖季节，雄性的叫声会吸引雌性，有助于为二者创造生殖条件。猫头鹰发出的声音也许不会像婉转动听的鸟鸣一样，在树林里悦耳地回响，但它的作用和效果是完全一样的。

繁　殖

对于猫头鹰来说，找配偶是一项危险重重的事业。身为拥有强力武器和领地意识的掠食者，它有能力对付所有的不速之客，保卫自己的家园。因为几乎所有种类的猫头鹰雄性和雌性长得都一样，所以在繁殖季节开始时，很难分辨来者究竟是正在寻找配偶的异性，还是同性的竞争对手。雌性通常会比雄性稍微大一点儿，但这条线索还不足以判定另外一只鸟的性别。需要更多的信息，而这些信息通常呈现在叫声和行为的差异上。很多种类的猫头鹰会表演二重唱，雄性和雌性不同的叫声你来我往。靠近的那只雌性的行为，也会为定居的雄性提供一些线索。她会以一种缓和的方式靠近他，既不会来势汹汹，也会不过于惊恐。假设她是一只雄性竞争对手，那么她对雄性领土所有者的反应要么是战斗，要么是逃跑。为了吸引配偶，这两件事雌性绝对不能做。在猫头鹰求偶更亲密的阶段中，会有大量咬喙、摇摆身体、鞠躬、扬起翅膀、摇头晃脑、竖起羽毛的动作，这是由于配偶们试图达成同步兴奋，以便最终实现交配行为。偶尔会观察到求偶的猫头鹰赠送食物的行为（这在其他鸟类身上是众所周知的），雄性停止了夸示，俯冲完成一次快速狩猎，然后飞回到上面，把尸体当作一件特别的礼物献给雌性。

猫头鹰大多是一雄一雌的，因此选择伴侣的难题减轻了，面对的只有一生一次找到合适配偶的艰难挑战。很多种类的配偶在一年中的繁殖季节以外可能不会守在一起，但即便如此，当交配季节到来时，它们只需重新熟识彼此，而不是从零开始。

对于猫头鹰来说，找到合适的筑巢地比筑巢这件事本身更加重要。在筑巢方面，猫头鹰与织布鸟截然相反。它们的巢是典型的粗陋难看、草草了事的那种，但它们选择筑巢地时极其谨慎小心。它们会寻觅有遮蔽物的洞窟、废弃建筑或者建筑废墟的安全角落、树洞、岩缝或者别的鸟儿弃置不顾的巢。一旦它们找到一个合适的地点并占为己有，雌性便会产下一窝白色的、近乎球形的蛋。在孵化所需的21~35天内，她通常会独自孵蛋。在此期间，她的配偶会把食物带回巢给她吃。蛋一孵化，双亲就会为它们带来食物。雏鸟还小时，双亲把猎物递给它们之前，会先分割开来，好让它们容易吞咽下去。

不同种类的猫头鹰，蛋的数量也大不相同，但大多数种类一般会下三四个蛋。雌性通常会隔几天下一个蛋，因此雏鸟的身材也大小不一。如果食物充足，所有的雏鸟都会长大，但如果食物匮乏，那么就只有比较大的雏鸟才会存活下来。

猫头鹰的巢，里面住着大小不一的幼鸟。

艰难的时日里，比较幼小的雏鸟很难争食，可能会饿死在巢中，那时它们自己就会成为比较大的雏鸟的食物。这种残酷的繁育机制确保了双亲在特殊环境下能够养育出合适数量的雏鸟。

猫头鹰或许是拙劣的筑巢者，却是一流的护巢者。如果有入侵者跟它占据的巢靠得太近，即使是体型和成年人一样大的，猫头鹰亲鸟都可能会摆出张牙舞爪的防御架势，或者发动凶猛的攻击。这架势包括竖起所有的羽毛，翅膀大张，然后向前方和下方转动。这样做的效果是让猫头鹰看上去突然变大。就着这种威胁性的姿态，它可能会继续

大雕鸮的威胁架势——一只不会飞的幼鸟摆出了防御姿态。

让喙咔咔作响，发出嘶嘶声和其他恶狠狠的声音，仿佛在说，你再过来我就要动手了。它那颜色鲜艳的大眼睛紧盯着入侵者，又增添了一丝恐吓意味。这双眼睛的威胁效果导致一些蛾子和蝴蝶的翅膀上进化出了眼状斑点花纹，拟态猫头鹰的面部外观。这种拟态最令人印象深刻的例子是猫头鹰环蝶属（*Caligo*）。

一些猫头鹰还有另外一项防御策略，那就是上演一场调虎离山的戏码。在这场戏中，一只亲鸟在巢附近扑腾翅膀，貌似受了严重的伤，所以很容易捕捉到。它试图以这种方式吸引入侵者将注意力从巢中无助的幼鸟身上移开。当分了神的入侵者正要扑过来时，貌似脆弱的成鸟迅速飞到安全地带，幸运的话，雏鸟就会被抛之脑后。

在另外的场合下，猫头鹰亲鸟会上演全力攻击，低空俯冲到入侵者头顶上，试图用锋利的爪子划伤它。著名的鸟类摄影师埃里克·霍斯金（Eric Hosking）就在这样的一次遭遇中，被一只灰林鸮弄瞎了一只眼睛。后来他出版了一本自传，取了一个颇有自嘲意味的书名《以眼还鸟》（*An Eye for a Bird*）。

猫头鹰环蝶（*Caligo eurilochus sulanus*）：一只拟态成猫头鹰面部的蝴蝶。

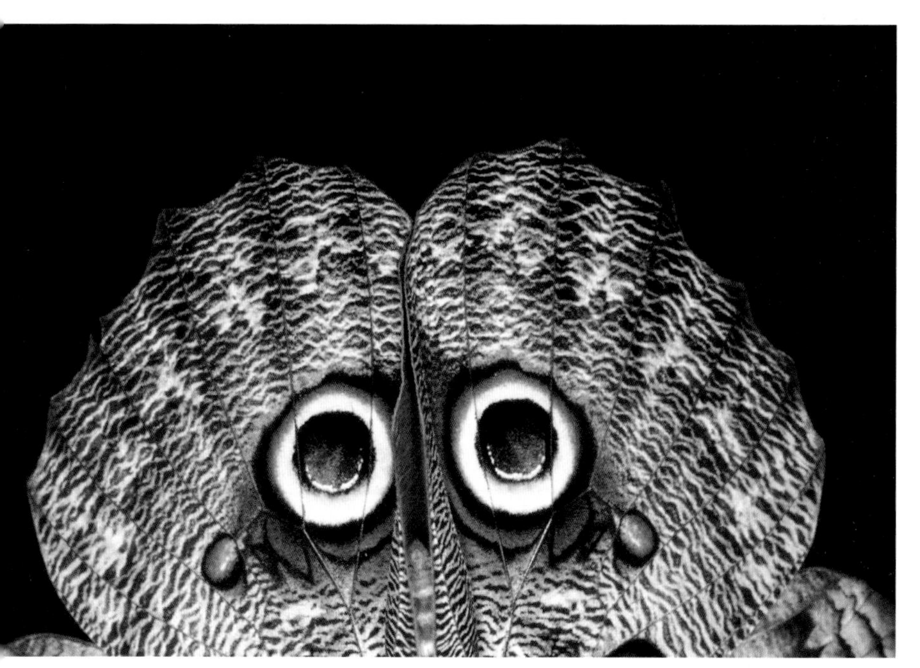

围　攻

猫头鹰的自然历史中最奇异的一个方面，是其他鸟类对待它们的方式。如果一只猫头鹰由于某种原因，错误地出现在白天的户外，那么等待它的将是很快被一大群愤怒的昼行鸟类围攻。这些鸟类可能比猫头鹰小很多，但它们胜在数量多。

围攻被拴住的猫头鹰，出自Bucci画家（公元前6世纪最后的25年）之手的希腊阿提卡黑彩双耳瓶。

最迟从公元前6世纪开始，围攻行为就已经吸引了人类观察者。有一个美丽的、来自那个时代的希腊瓶——黑彩双耳瓶，展现了一只猫头鹰被拴在树下一根柱子上。一群小鸟布满在被拴住的猫头鹰周围的半空中，有些定在了树枝上。这些树枝上涂着黏糊糊的粘鸟胶，小鸟一旦落在上面，就会被粘牢，很容易被抓到，杀来吃掉。即使在这么早的年代，捕鸟人不仅知晓围攻猫头鹰这件事儿，而且已经懂得加以利用了。

两个世纪以后，在公元前350年首次出版的《动物志》（*Historia Animalium*）中，亚里士多德表示这知识并未失传，他写道："白天里，其他小鸟全都围着猫头鹰飞来飞去——人们一般把这一行为叫作'钦慕'——但其实是在群殴他，拔他的羽毛；由于这种习性，捕鸟人便用猫头鹰作诱饵，捕捉各种各样的小鸟。"[3]这句评语的奇妙之处在于使用"钦慕"一词描述围攻行为。雅典的猫头鹰是受人崇敬的智慧象征，因此希腊作家很难把围攻看作其他鸟儿憎恨猫头鹰。"是猫头鹰的智慧让小鸟惊叹"，这样想反而更舒坦一些。

罗马时代的普林尼在公元77—79年的著作《博物志》中也提及了围攻。他的描述很不可思议，但可能是基于极端情况。他写道："这些小猫头鹰与其他鸟类搏斗时展现出来的智慧和机灵令人赏心悦目：当它们被群鸟重重围攻时，会仰面躺着，设法用脚还击：它们会紧凑地缩成一小圈，只见喙和爪子保护着整个身体，除此之外基本上什么都看不见。"[4]

13世纪动物寓言集的插图中，经常会出现一只被围攻的猫头鹰。似乎会有一定量的内容从一本动物寓言集抄到另一

被5只鸟围攻的猫头鹰，雕刻在东安格利亚（East Anglia）诺里奇座堂的一块椅背突板上，1480年。

本，因为这一幕反复出现，只有些微差异。有一只猫头鹰被三只鸟啄，最下面的一只是喜鹊。这只猫头鹰一动不动，顽固地保持着挺直的姿态，对这番侮辱隐忍不发。虔信的动物寓言集教导人们，猫头鹰之所以受到攻击，是因为这种鸟追求黑暗，“拒绝了基督之光”[5]。为了让这只鸟看上去更加邪恶，有一本动物寓言集甚至声称猫头鹰是倒着飞的。

不久之后的15世纪，人们又看到了5只小鸟攻击另一只忍辱负重的猫头鹰，这一幕被刻成了诺里奇座堂（Norwich Cathedral）椅背突板（座椅下方雕刻而成的突出物）上的木雕。类似的雕刻也见于这一时期的其他英格兰教堂，上至北方的约克郡，下至南部沿海的萨默赛特郡（Somerset）。

16世纪早期，阿尔布雷希特·丢勒抛弃了他在表现动物时通常使用的自然主义风格，向我们展示了一只走投无路的猫头鹰，它被 4 只愤怒的鸟儿纠缠着，它们锋利的喙和爪子正准备攻击它，而它怒目圆睁，羽毛竖起，扑棱着翅膀。17 世纪时，弗朗西斯·巴洛（Francis Barlow）展现了一只在巢的入口处被围攻的猫头鹰。他的猫头鹰一副不知所措的样子，有 7 只鸟儿从四面八方攻击它。巴洛所描绘的这幅景象，象征的是一个罪人被正义人士攻击，虽然他的描绘相当写实，但他觉得需要赋予自己的图画道德意义。

17 世纪，马尔切洛·普罗文扎莱（Marcello Provenzale）在佛罗伦萨创作的一幅镶嵌画中对围攻的处理更加自然主义，艺术家描绘了一只猫头鹰被各种各样的鸟类侵扰，包括知更鸟、金雀、金翅雀、苍头燕雀、麻雀和大山雀，全都画得很精确。从鸟类学的角度看，这幅镶嵌画领先时代两个世纪。

阿尔布雷希特·丢勒的《与昼行鸟类搏斗的猫头鹰》（*Owl in Combat with Day Birds*），1509—1515年，木刻版画。

时至今日，这些艺术作品已经在很大程度上被观鸟者抓拍的照片取代，他们是偶遇这些鸟类戏剧性事件的幸运儿。由于他们的观察，我们也能更加详细地描述当一只困顿的猫头鹰成为围攻暴行的受害者时，究竟发生了什么。

（右页图）一只被乌鸦攻击的大雕鸮，威斯康辛州拉辛县（Racine County, Wisconsin）鲁特河（Root River）。

昼行鸟类是如何养成这种并不典型的好斗习性的，这是个很有价值的问题。各地的小型鸟类终其一生都在忍受着对猫头鹰的恐惧。这是一种天生的恐惧，从它们几个月大时就开始显现，与是否遇见过猫头鹰无关。有一件事可以证实这一点，正如之前提到的，有些蛾子和蝴蝶的翅膀上进化出了猫头鹰眼状的斑纹，可以在靠得太近的小鸟面前闪现，把它们吓跑。

被围攻的猫头鹰：马尔切洛·普罗文扎莱17世纪的镶嵌画《鸟之景》。

出于对猫头鹰天生的恐惧，小型鸟类通常会在遇到这些猛禽时逃命，但受虐者有时也会变成施虐者——通常是身边有同伙的时候。它们不会逃之夭夭，而是坚守阵地，直面猫头鹰。它们会发出尖锐的报警呼叫，吸引越来越多的小鸟到达现场，直到这只猛禽被聒噪、愤怒的群鸟围住。这时它们就开始不断骚扰这只大鸟，不停地大声叫唤，身体旋转摇摆，甚至佯装发动攻击。有时某只特别勇敢的鸟儿会涉险发动真正的攻击，从猫头鹰身后乘虚而入，攻击它的羽毛。

这种围攻行为绝不会发生在猛禽积极狩猎的时候，它最有可能发生在猫头鹰行为怪异的时候。如果它受了伤，或者生了病，就会静静地栖息在一个白天里看得异常清楚的地方。一只显眼的、静止不动的猫头鹰是围攻的大靶子。小鸟们围聚起来，离它非常近，经常只有 3 米，然后就开始摆出架势了。不同种类的鸟，具体的动作也不一样，但典型的燕雀科，例如苍头燕雀，会把身体转向猫头鹰，冠羽扬起，双腿弯曲，翅膀微微扬起，身体以蜷伏之姿迅速左右摇晃，尾部上下弹动。

人们见到过很多种类的鸟全心投入到这种奇怪的围攻架势中，包括燕雀科、山雀科、鸫科、莺科、乌鸫、鸫科，甚至还有小巧的蜂鸟。蜂鸟的敌意格外强烈，在大鸟的脑袋周围嗡嗡作响，离它的脸只有 5 厘米，大声叫唤，啄它的眼睛。一些更大的鸟类，例如乌鸫和鸫科，经常会涉险进行“俯冲轰炸”，它们会从离猫头鹰 9 米开外的地方俯冲下来，直奔目标，然后卡在最后关头突然闪到一旁，这时离它不超过 0.3 米远。它们有时还会从身后扑过来，用爪子抓它脑袋上的羽毛。

这种兴奋是会传染的，会有很多新来的鸟儿加入作势围攻的队伍，甚至还没看见引发骚乱的这只猫头鹰。它们看见了其他小暴徒的行为，就只管照着做。它们在群架的过程中变得非常兴奋，以至于人类都可以比其他时候更接近它们。它们的这种兴奋非常强烈，即使猫头鹰最终逃开了，在那之后它们依然会继续围攻很长一段时间，好像得经过相当长的时间才能冷静下来，恢复正常的活跃度。

被围攻的猫头鹰看上去像是觉得整个一段遭遇极其讨厌、不明不白的。从它容忍的姿态可知，它因身边发生的事情而恼怒、难受。它变得越来越焦虑不安，直到最终受不了这样的喧嚣和侵扰，拍拍翅膀飞走了，去别处寻找一个更安静的地点。这当然是集体作势猛攻的效果。猫头鹰不会忘记这番折磨，将来可能就会刻意避开这块地方。对于当地的小鸟们来说，这可是一件天大的好事儿。

还有一个问题，小鸟是如何识别猫头鹰的。是什么样的特征激起了如此强烈的反应？用填充猫头鹰和木偶猫头鹰进行的野外试验证明，能够识别猫头鹰的重要特征有：大脑袋、短尾、敦实的轮廓、褐或灰的颜色、斑点或条纹图案的外表、喙和朝向正面的眼睛。假猫头鹰身上的这些特征越多，它遭受的围攻就越厉害，但这个物件是真羽毛做出来的填充猫头鹰，还是猫头鹰形状的彩绘木头，似乎没有什么太大的区别。如果猫头鹰特征中的重要元素缺失，或者只呈现出为数不多的几种，那么小鸟就会对假猫头鹰表现出些许好奇，却没有被刺激出充分的、围攻性质的反应。

猫头鹰有一个明显的特质，本身就能够吸引围攻的鸟类，那就是它所特有的叫声。早在流行用蜂鸟羽毛制作服饰配件时，这一点对于特立尼达岛（Trinidad）的羽毛猎人来说就是众所周知的。他们发现，只需模仿当地猫头鹰的叫声，就能把不走运的蜂鸟吸引过来，置之于死地。

保　育

经过数世纪的残害，猫头鹰最终还是受到了人们的赏识，因为它们是无比美好的鸟类。有很多优秀的猫头鹰保护和保育组织，人们也进行了细心的研究，来评估不同种类的现存数量。现存的猫头鹰大约有 200 种，保护主义者将其中的 11 种列为濒危，更有 6 种被列为极危（在次页的表格中用 * 表示）。处境严峻的种类见次页。

原因无外乎栖息地被破坏。大多数猫头鹰需要森林，而全世界的森林正在被大量破坏。对于一些种类来说，从长远看，前景并不乐观。另一大威胁是杀虫剂的广泛使用，减少了猫头鹰食谱中所需的那些动物的数量。在一些落后的地区，仍然存在着关于猫头鹰的愚昧迷信，把它们当作恶灵杀害。

然而在 2006 年，随着一部电影长片《我爱猫头鹰》（*HOOT*）的发行，好莱坞推动了公众对濒危猫头鹰的关注。这部影片被形容为一部“生态惊悚片”，讲的是佛罗里达州一群青少年与地产开发商斗智斗勇的故事，因为开发商的推土机威胁了当地穴小鸮的栖息地。富有戏剧性的电影海报上，发行于2006年5月的电影长片《我爱猫头鹰》的海报。

青少年傲然挺立在一只身在洞穴中的猫头鹰和一台逼近的推土机之间。好莱坞电影行业觉得这样的情节主线很有商业价值，这对于保护猫头鹰是个好消息。

另一件值得庆祝的事情是，在这200种猫头鹰中，有超过180种在保护现状分类中被归为“无危”。其中一些的数量几乎可以说是难攻不破。例如大雕鸮，据估计全世界共有不下530万只。还有仓鸮，几乎和它并驾齐驱，有490万只。对于生存问题，猫头鹰有特别的夜行对策，它们一直是在全世界范围内取得成功的一个鸟类家族，从这些数字上看，它们应该会生存下去。

（右页图）雕鸮（*Bubo bubo*）。

种类	学名	数量	原因
塔岛草鸮	*Tyto nigrobrunnea*	250～999，正在减少	大面积砍伐
马岛草鸮	*Tyto soumagnei*	1 000～2 499，正在减少	栖息地破坏
非洲栗鸮	*Phodilus prigoginei*	2 500～9 999，正在减少	森林砍伐
肯尼亚角鸮	*Otus ireneae*	2 500，正在减少	筑巢地减少
斯里兰卡角鸮	*Otus thilohofmanni*	250～999，正在减少	栖息地减少
弗洛角鸮	*Otus alfredi*	1 000～2 499，正在减少	栖息地减少
锡奥角鸮*	*Otus siaoensis*	不足50	栖息地破坏
裸腿角鸮	*Otus insularis*	249～318，稳定	数量少
比岛角鸮	*Otus beccarii*	500～9 999，正在减少	栖息地碎片化
烟色角鸮*	*Otus capnodes*	50～249，正在减少	栖息地破坏
莫岛角鸮*	*Otus moheliensis*	400，正在减少	栖息地严重受限
科摩罗角鸮*	*Otus pauliani*	2 000，正在减少	栖息地严重受限
毛腿渔鸮	*Ketupa blakistoni*	250～999，雌性正在减少	建筑施工
棕渔鸮	*Scotopelia ussheri*	1 000～2 499，正在减少	森林减少
伯南布哥鸺鹠*	*Glaucidium mooreorum*	不足50，正在减少	栖息地严重受限
长须鸮	*Xenoglaux loweryi*	250～999，正在减少	栖息地急速减少
林斑小鸮*	*Heteroglaux blewitti*	50～249，正在减少	族群碎片化

第十章

罕见的猫头鹰

Chapter Ten　Unusual Owls

就整体而言，猫头鹰是一个非常整齐划一的鸟类群体。不同种类的羽毛颜色、面部斑纹和耳羽也许会有点差异，但它们身为夜行狩猎者的生活方式似乎很符合一种严密、基本的猫头鹰套路，离经叛道的种类比较罕见。尽管如此，还是有必要特别提到几种，因为它们在某些方面与这类典型的猫头鹰相去甚远。它们有的变得非常大，有的特别小，还有的从树上下来，栖息在地下的洞穴里。最后还有近来灭绝了的一种猫头鹰，据说失去了飞行的能力，并且获得了相当不可思议的传奇地位。

巨大的猫头鹰

世界上最引人注目的猫头鹰是雕鸮。它重 3 千克，体长可达 72 厘米，翼展更是达到惊人的 175 厘米，是猫头鹰中的庞然大物，也是一种令猎物闻风丧胆的掠食者。它的食谱包括通常的啮齿类动物，但令人咋舌的是，它还会猎食其他的猫头鹰。这在很大程度上是一种单向的关系——没有其他的猫头鹰胆敢袭击一只雕鸮。它还会捕食鹰、鵟、鸢、鵟、隼之类的昼行猛禽，甚至偶尔还包括雕。事实上，它的食谱极其丰富多样，已知除了猛禽，它还会捕食鸭、骨顶鸡、鹧鸪、松鸡、鹧鸪、鹌鹑、鸽子、海鸥、啄木鸟、乌鸦、寒鸦、松鸦、喜鹊、星鸦、百灵、鸫、椋鸟、雨燕、燕子、鸬鹚、鹭、麻鸦、鸨、鹤，甚至渡鸦。哺乳动物也一样。除了大鼠、小鼠和田鼠，它还会吞食家兔、野兔、幼鹿、臆羚和山羊崽、野生绵羊和羊羔、松鼠、白鼬、黄鼠狼、水鼬、貂、狐狸、蝙蝠、家猫、鼹鼠、鼩鼱和刺猬。很显然，当大雕鸮在游荡时，谁都不安全，世界上没有哪种猫头鹰拥有这种丰富到令人眼花缭乱的食谱。

大多数猫头鹰都会被欢呼吵闹的一大群人吓到，但有这样一只器宇轩昂的雕鸮，根本不把他们放在眼里。2007 年，比利时与芬兰之间一场重要的国际性足球比赛正在赫尔辛基国家体育场进行着。比赛过程中，这只巨鸟俯冲扑向运动员，落在了赛场上。裁判暂停了比赛，将运动员请出场地，等猫头鹰离开。他看到这只大鸟张开翅膀飞了起来，仿佛在向喧嚣的人群道别，这让他松了一口气。它堂而皇之地停歇在一侧球门的横梁上，转着脑袋东张西望，将四周的人类观众尽收眼底。它看上去更多的是茫然，而不是害怕，然后它就又飞走了。可它并没有飞离现场，而是停歇在体育场另一端的球门上，继续盯着集合在那边的另一队的球迷，这一幕把人群的欢呼声变成了笑声。最终它还是离开了，比赛继续进行，但它在体育场气派的亮相反映了两点。首先，雕鸮并不怕人；其次，谁也没有足够的勇气试图把它赶跑。

自从这次事件以来，芬兰国家足球队就被称为*Huuhkajat*，芬兰语“雕鸮”之意，而这只猫头鹰也在 2007 年 12 月被授予

"赫尔辛基年度市民"（Helsinki Citizen of the Year）称号。人们给它取了一个名字，叫 Bubi，一项调查表明，它是一只城市化的猫头鹰。它已经使用体育场 A 区站台作为常规栖息地有一段时间了，这一次，它发现自己的地盘被数以千计欢呼喝彩的球迷占领了，显然很不开心。

雕鸮还有一个更近一些的成名原因，它在 J.K. 罗琳的哈利·波特系列中，是作为马尔福家族的猫头鹰登场的。

它是名副其实的猫头鹰之王，这些大鸟把萨卡拉（Saqqara）古老的阶梯金字塔（Step Pyramid）当作每年的繁殖地，这在某种意义上倒是挺合适的。然而令人难过的是，这种特大号的猫头鹰正在遭受人类的残害，数量也在减少。它对人类无所畏惧的态度并没有在这件事上起到什么作用，而且它似乎对公路和铁路交通带来的冲突异常敏感，尤其是高架电缆和高压电线。

最小的猫头鹰

世界上最小的猫头鹰是小巧玲珑的姬鸮（elf owl），它在墨西哥和美国南部各州的大型仙人掌中筑巢。它的体重是 40 克，体长只有 14 厘米，还不足以享用小型哺乳动物或鸟类。它所享用的食谱是诸如蝗虫、蚱蜢和蟋蟀之类的大型昆虫。它也吃甲虫、蛾子、蜘蛛、蜈蚣，偶尔还会吃蝎子。它会捕食那些停歇在植物上的大型昆虫，但在空中也能够用喙或者爪子捕捉到。已知生活在人类居住地附近的姬鸮在狩猎时，会利用被室外的电灯吸引过来的大量夜行昆虫大饱口福。

世界上最小的猫头鹰姬鸮（*Micrathene whitneyi*）巢居在仙人掌中。

它的飞行并不是无声的，这一点对于猫头鹰来说是很罕见的，可能是狩猎无脊椎动物时不需要悄无声息到那种程度。另一个罕见的特征是，它只有 10 枚尾羽，而所有其他的猫头鹰都有 12 枚。至于声音，它会像小狗一样呜咽、啜泣、吠叫。雄性保卫自己的巢时会变得很凶悍，但雌性更有可能装死，眼睛闭着，身体看上去死气沉沉。白天时，姬鸮采用的是一种特殊的隐蔽策略，保持一动不动的直立姿态，羽毛紧贴身体，一只翅膀向前耷拉着，面盘也缩得很窄。这样它就可以拟态成一根断掉的树枝，或者一个树墩子，从而不被发现。

穴小鸮

穴小鸮是一种奇异的小鸟，纺锤形的腿，亮黄色的眼睛，身板出奇地挺直。它们的身影遍及整个美洲，从北方的加拿大矮草原，到遥远南方的阿根廷和智利大草原。除了这些草原，在沙漠和半沙漠地区，如今甚至在有人类活动的郊区，包括高尔夫球场和机场，也都能见到它们。

穴小鸮有几个非常不像猫头鹰的特征。从解剖学的角度看，它的腿看上去更像是鸡的，而不是猫头鹰的。典型的猫头鹰栖息在树枝上时，只有脚露出来，腿大部分藏在下身的羽毛下面。穴小鸮的大部分时间都在地面上或者地下度过，腿特别长，大部分都能看得清清楚楚。作为猫头鹰家族的一员，它的行为也颇为古怪。穴小鸮并不在高处筑巢或者栖息，远离生活在地面上的掠食者可及之处以求安全，而是鸟如其

洞口处的穴小鸮。

名，在地下的洞穴中安家，有时会自己挖洞，但更多的时候是借用大型啮齿类动物的窝，例如草原犬鼠或者兔鼠。

在人类族群开始激增，打破了大自然建立已久的平衡之前，被称为草原犬鼠的地松鼠曾经在美洲大量存在。甚至到了 20 世纪早期，一些群体的数量也还多达 1 亿。它们的洞穴系统向四面八方延伸数英里，为小巧的穴小鸮提供了绝佳的栖息地，后者也繁盛起来。当大陆上的大片地区把这些啮齿类动物作为害兽消灭时，猫头鹰族群也随之消失，时至今日，它们已经远远不如前几个世纪那样常见了。

猫头鹰与啮齿类动物的群居关系很复杂。在一些地区，这两个族群比邻而居，基本上处于互不理睬的状态。在另外一些地区，敌意就相当强烈了。有一则古老的民间传说，说的是穴小鸮、啮齿类动物和响尾蛇和谐地生活在一起，共享同样的洞穴，但事实并非如此。猫头鹰接管一个洞穴时，会把啮齿类动物赶走，而响尾蛇到那里去只是为了捕食。

穴小鸮利用地下洞穴，既是为了睡觉，也是为了筑巢。它们的巢也非同寻常，是用吃草的大型哺乳动物的粪便作为内衬。典型的猫头鹰是做不出这种细活儿的，而这有助于刚孵出的穴小鸮雏鸟遮盖气味，让它们在循着气味而来的掠食者面前隐藏自己。这一点很重要，因为在地下洞穴中养育的雏鸟，在诸如黄鼠狼、负鼠、獾等夜行哺乳类掠食者面前极易受到攻击。如果遮盖气味的办法没能奏效，掠食者靠近了巢，那么这些小猫头鹰还有终极一招用来自保。它们进化出了一种特殊的警报声，结合了嘶嘶声和嘎嘎声——模仿有毒的响尾蛇。黄鼠狼和其他小型食肉动物会掂量一下，要不要在黑暗的洞穴中继续靠近，然后可能就会撤退。当然，如果掠食者恰恰是一只响尾蛇，那么这个招数就不管用了。

穴小鸮在白天和黎明黄昏时一样活跃，夜行性是所有猫头鹰中最不明显的。它们甚至会在正午明晃晃的太阳下狩猎蜥蜴和大型昆虫。它们喜欢生活在低处，相应地，它们有时会在地面上追逐猎物。穴小鸮除了把动物当作食物，还会吞食果实和种子，这在猫头鹰家族中是绝无仅有的。在一些地区，它们偏爱仙人掌的果实，比如梨果仙人掌的。

人们从未见过典型的猫头鹰组成群体或者大型团体，而在这一点上，穴小鸮再一次成了非典型，因为经常能够观察到它们以10对或者更多为一组，在一起栖息或者筑巢。在族群数量大的地区，几个家庭可能会聚集在筑巢的洞穴外面，由此可见，这种猫头鹰确实非比寻常。

不会飞的猫头鹰

已经灭绝的巴哈马仓鸮（*Tyto pollens*）是所有猫头鹰中最神秘的一种，只能通过亚化石来了解。这个灭绝的种类也被称为安德罗斯岛仓鸮（Andros Island barn owl）或者巴哈马仓鸮（Bahaman barn owl），是如今常见的仓鸮的近亲。它是猫头鹰中的大块头，据说站立时高达1米，并且失去了飞行能力。它生活在巴哈马群岛中最大的岛屿安德罗斯岛上的原始松林中，在洞穴中筑巢。16世纪，欧洲人到来时，它还能幸存，直到他们砍伐了它栖息的森林，于是它很快就灭绝了。

它还造就了当地的一个传说，有一个鸟一样的坏心肠小矮人，长着猫头鹰一样的脸，眼睛通红，脑袋可以向四面八方转动，有三只手指、三只脚趾和一条可以挂在树上的尾巴。岛上早期的开拓者讲述着关于这个名叫Chickcharnie的夜行小恶魔的荒诞故事，说它把两棵松树的顶端接合在一起筑巢。人们建议来到安德罗斯岛的观光客带上一些花，或者色彩鲜艳的布块，用来迷惑这些烦人精，不要骚扰或者嘲笑它们。如果你尊重它们，就会得到祝福，余生好运常伴；如果不尊重它们，你的脑袋就会转个个儿，遭受可怕的厄运。当地人把真正的鸟消灭了，现在似乎又在全心全意地保护它的幽灵。

奇异的是，据说 Chickcharnie 招致了第二次世界大战。故事是这样的，后来成为英国首相的内维尔·张伯伦（Neville Chamberlain），年轻时为了开辟一个种植园，曾经在安德罗斯岛砍过树，他在砍树时看见松林的高处有一个 Chickcharnie 的巢。当地的工人不肯碰它，惊恐地逃走了，而他却无视他们的警告，自己把树给砍了，毁坏了巢，也给自己惹上了终生的诅咒。正是这个诅咒导致了他在慕尼黑那次众所周知的失败，从而引发了第二次世界大战。无论如何看待这件事，对一只已经灭绝的猫头鹰来说，这也算是一项成就了。

大事年表

6 000万年前

化石中的猫头鹰表明，夜行猛禽中的这一支已经存在了。

3万年前

法国肖维岩洞顶部最早的猫头鹰形象。

公元前1898年

埃及第十二王朝壁画中的猫头鹰绘画。

1508年

阿尔布雷希特·丢勒的小猫头鹰名画。

1797—1799年

戈雅的铜版画:《理性沉睡，心魔生焉》。

1828年

奥杜邦（Audubon）在《美国鸟类》（*Birds of America*）中画出了14种猫头鹰。

1850年

弗洛伦斯·南丁格尔在雅典得到了一只宠物猫头鹰。

1946年

毕加索在昂蒂布收养了一只受伤的纵纹腹小鸮。

20世纪50年代

米克·萨瑟恩（Mick Southern）开展了一项具有历史意义的猫头鹰摄食生态学研究。

1960年

爱斯基摩艺术家基诺娃克创作了她标志性的《陶醉的猫头鹰》石刻。

公元前1200年

中国古代商朝艺术中出现了青铜猫头鹰。

公元前7世纪

希腊的原始科林斯式猫头鹰型香水瓶。

公元前400年—公元200年

古希腊的雅典铸币上出现了猫头鹰。

13世纪

动物寓言集的插图展现了被群鸟围攻的猫头鹰。

1867年

利尔的打油诗中，猫头鹰和猫咪去海边。

1900年

谢菲尔德星期三足球俱乐部被称为“猫头鹰”。

20世纪20年代

A.A. 米恩的小熊维尼让一只智慧的老猫头鹰成为永恒。

1939年

詹姆斯·瑟伯带来了《成神的猫头鹰》。

1962年

罗杰·佩恩（Roger Payne）证明猫头鹰仅凭耳朵就可以在全黑的环境中锁定猎物的位置。

2001年

雪鸮海德薇出现在首部《哈利·波特》电影中。

2005年

翠西·艾敏在蚀刻版画《小猫头鹰——自画像》中把自己当作猫头鹰。

2006年

电影《我爱猫头鹰》发行，展现了从地产开发商手中保护猫头鹰的努力。

分 类

公元77年，普林尼对猫头鹰进行科学分类的尝试，属于最早的一次。他在《博物志》第10卷中，鉴别了三种猫头鹰：纵纹腹小鸮、雕鸮和鸣角鸮。到了16世纪，康拉德·格斯纳（Conrad Gessner，1560）把种类增加到4种。[1] 到了17世纪，在乌利塞·阿尔德罗万迪的13卷本皇皇巨著《博物志》中，又增至11种，并且全部配以精美的大幅木刻插图。[2] 这标志着人们开始尝试对猫头鹰的种类进行严肃、科学的编组，并给出图示，从而解释它们之间的差异，但直到19世纪，动物学家才开始冒险进入世界上那些更为偏僻的地区，寻找和收集标本，这些标本很快便填充了各大自然历史博物馆的地下室。在20世纪，这个过程还在活力十足地继续着，直到连最勇敢的科学探险家都觉得，要想找到新的动物大种，难度是越来越大了。然而这种情况依旧时有发生，甚至在近几年里，还发现了一种新的猫头鹰。

关于猫头鹰到底有多少种，当今的权威专家们意见分歧很大。有些人认为只有150种，另外一些人则认为多达220种。造成这种巨大差异的一个主要原因是，很多猫头鹰生活在小岛上，在那里，它们演化出了与附近大陆上那些近亲的细微差异。之后就是个人口味问题了，看你是不是把这些孤立的猫头鹰群体视为一个独立的物种。

举个例子，在印度洋的安达曼群岛（Andaman Islands）发现了一种仓鸮。它明显比大陆的同类要小，但因为这两种从

（左图）乌利塞·阿尔德罗万迪的《全集》（1656）第8册《鸟类学》中的雕鸮。

（右图）康拉德·格斯纳的《水生动物命名法》（*Nomenclator Aquatilium Animantium*，1560）中的仓鸮。

未在野外相遇，所以无从得知如果它们相遇的话，是会自由杂交，还是会继续保持各自独立的状态。因此，我们只能猜测它们是不是真的不同物种。如果你是一个客观的动物学家，你很可能会把这两种归为同一物种中的不同品种；但如果你是一个激情澎湃的保护主义者，那么你更有可能把岛上的那种视为一个独立的物种，因而也是一个非常珍稀、急需保护的物种。

为了尽可能地满足这两个流派，以下的分类试图在两个极端之间折中，承认大约200种猫头鹰为真正的物种。它尽量做到与时俱进，并且包括了一些直到21世纪才发现的物种。

鸮形目（198种）

草鸮科（15种）

草鸮属

Sooty owl *Tyto tenebricosa* 乌草鸮 澳大利亚，新几内亚

Sulawesi golden owl *Tyto inexspectata* 米纳草鸮 苏拉威西岛北部

Talaibu masked owl *Tyto nigrobrunnea* 塔里仓鸮 苏拉群岛，摩鹿加群岛

Lesser masked owl *Tyto sorocula* 小草鸮 小巽他群岛中的塔宁巴尔群岛

Manus masked owl *Tyto manusi* 马努斯草鸮 阿德默勒尔蒂群岛中的马努斯岛

Bismarck masked owl *Tyto aurantia* 橘仓鸮 新不列颠岛

Australian masked owl *Tyto novaehollandiae* 大草鸮 澳大利亚，新几内亚

Sulawesi owl *Tyto rosenbergii* 苏拉仓鸮 苏拉威西岛（西里伯斯岛）

Madagascar red owl *Tyto soumagnei* 马岛草鸮 马达加斯加

Barn owl *Tyto alba* 仓鸮 全世界

Ashy-faced owl *Tyto glaucops* 灰面鸮 海地，多米尼加共和国

African grass owl *Tyto capensis* 非洲草鸮 非洲

Eastern grass owl *Tyto longimembris* 草鸮 南亚，澳大拉西亚

栗鸮属

Congo Bay owl *Pholidus prigoginei* 坦桑尼亚栗鸮 非洲刚果盆地

Oriental Bay owl *Phodilus badius* 栗鸮 亚洲

鸱鸮科（183种）

鸣角鸮属

Western screech owl *Megascops kennicotti* 西美角鸮 北美洲西部和墨西哥

Balsas screech owl *Megascops seductus* 巴尔萨斯角鸮 墨西哥

Pacific screech owl *Megascops cooperi* 太平洋角鸮 中美洲西部

Eastern screech owl *Megascops asio* 东美角鸮 北美洲东部

Whiskered screech owl *Megascops trichopsis* 长耳须角鸮 亚利桑那州和中美洲

Tropical screech owl *Megascops choliba* 热带角鸮 中南美洲

Koepcke's screech owl *Megascops koepckeae* 马氏角鸮 玻利维亚和秘鲁

West Peruvian screech owl *Megascops roboratus* 秘鲁角鸮 厄瓜多尔和秘鲁

Bare-shanked screech owl *Megascops clarkia* 裸胫角鸮 哥斯达黎加，巴拿马和哥伦比亚

Bearded screech owl *Megascops barbarus* 须角鸮 危地马拉和墨西哥南部

Rufescent screech owl *Megascops ingens* 萨氏角鸮 委内瑞拉和玻利维亚

Colombian screech owl *Megascops colombianus* 哥伦比亚角鸮 哥伦比亚和厄瓜多尔

Cinnamon screech owl *Megascops petersoni* 桂红角鸮 厄瓜多尔和秘鲁

Cloud-forest screech owl *Megascops marshalli* 秘鲁林角鸮 秘鲁

Tawny-bellied screech owl *Megascops watsonii* 茶腹角鸮 南美洲亚马逊盆地

Black-capped screech owl *Megascops atricapillus* 黑顶角鸮 南美洲东部

Vermiculated screech owl *Megascops guatemalae* 中美角鸮 墨西哥至阿根廷西北部

Montane Forest screech owl *Megascops hoyi* 霍氏角鸮 阿根廷和玻利维亚

Long-tufted screech owl *Megascops sanctaecatarinae* 长簇角鸮 阿根廷和巴西

Puerto Rican screech owl *Megascops nudipes* 珠眉角鸮 加勒比海岛屿

White-throated screech owl *Megascops albogularis* 白喉角鸮 安第斯山脉北部

角鸮属

White-fronted Scops owl *Otus Sagittarius* 白额角鸮 东南亚

Rufous Scops owl *Otus rufescens* 棕角鸮 东南亚

Sandy Scops owl *Otus icterorhynchus* 沙色角鸮 西非

Sokoke Scops owl *Otus ireneae* 肯尼亚角鸮 肯尼亚

Andaman Scops owl *Otus balli* 安达曼角鸮 安达曼群岛

Mountain Scops owl *Otus spilocephalus* 黄嘴角鸮 亚洲

Serendib Scops owl *Otus thilohofmanni* 斯里兰卡角鸮 亚洲

Simeulue Scops owl *Otus umbra* 栗角鸮 锡默卢群岛，苏门答腊

Javan Scops owl *Otus angelinae* 爪哇角鸮 爪哇

Sulawesi Scops owl *Otus manadensis* 苏拉威西角鸮 苏拉威西岛

Sangihe Scops owl *Otus collari* 桑岛角鸮 桑义赫群岛，苏拉威西岛

Luzon Scops owl *Otus longicornis* 吕宋角鸮 菲律宾吕宋岛

Mindoro Scops owl *Otus mindorensis* 民岛角鸮 菲律宾民都洛岛

Mindanao Scops owl *Otus mirus* 棉兰角鸮 菲律宾棉兰老岛

Sao Tomé Scops owl *Otus hartlaubi* 圣多美角鸮 圣多美和普林西比

Pallid Scops owl *Otus brucei* 纵纹角鸮 中东至中亚

Flammulated owl *Otus flammeolus* 花彩角鸮 北美洲西部和中美洲

Common Scops owl *Otus scops* 普通角鸮 欧亚大陆

African Scops owl *Otus senegalensis* 非洲角鸮 撒哈拉以南的非洲

Oriental Scops owl *Otus sunia* 东方角鸮 南亚和东亚

Nicobar Scops owl *Otus alius* 尼科巴角鸮 尼科巴群岛

Elegant Scops owl *Otus elegans* 兰屿角鸮 日本南部岛屿、中国台湾和吕宋岛

Mantanani Scops owl *Otus mantananensis* 南菲律宾角鸮 菲律宾和马来西亚

Flores Scops owl *Otus alfredi* 弗洛角鸮 弗洛勒斯岛

Siau Scops owl *Otus siaoensis* 锡奥角鸮 印度尼西亚苏拉威西西奥岛

Enggano Scops owl *Otus enganensis* 恩加诺角鸮 苏门答腊恩加诺岛

Seychelles Scops owl *Otus insularis* 裸腿角鸮 塞舌尔马埃岛

Biak Scops owl *Otus beccari* 比岛角鸮 巴布亚省鸟头湾中的比亚克岛

Madagascar Scops owl *Otus rutilus* 马岛角鸮 马达加斯加

Pemba Scops owl *Otus pembaensis* 奔巴角鸮 坦桑尼亚奔巴岛

Anjouan Scops owl *Otus capnodes* 烟色角鸮 印度洋科摩罗昂儒昂岛

Torotoroka Scops owl *Otus madagascariensis* 托罗卡角鸮 马达加斯加西部

《角鸮》（*Nyctea nivea*），出自萨韦里奥·马内蒂（Saverio Manetti）的*Ornithologia Methodice Digesta atque Iconibus Aeneis*第一卷（佛洛伦萨，1767）。

Mayotte Scops owl *Otus mayottensis* 马约特岛角鸮 印度洋科摩罗群岛

Moheli Scops owl *Otus moheliensis* 莫岛角鸮 印度洋科摩罗莫爱利岛

Grand Comoro Scops owl *Otus pauliani* 科摩罗角鸮 印度洋大科摩罗岛

Rajah's Scops owl *Otus brookii* 拉氏角鸮 苏门答腊，爪哇，婆罗洲

Collared Scops owl *Otus bakkamoena* 印度领角鸮 东亚和南亚，印度尼西亚和日本

Mentawai Scops owl *Otus mentawi* 明岛领角鸮 印度尼西亚苏门答腊西部明打威群岛

Palawan Scops owl *Otus fuliginosus* 巴拉望角鸮 菲律宾

Whitehead's Scops owl *Otus megalotis* 菲律宾角鸮 菲律宾吕宋群岛

Lesser Sunda Scops owl *Otus silvicola* 华莱士角鸮 巽他群岛中的弗洛勒斯岛和松巴哇岛

White-faced Scops owl *Otus leucotis* 白脸角鸮 撒哈拉以南的非洲

Palau Scops owl *Otus podarginus* 帕劳角鸮 帕劳群岛

古巴角鸮属

Bare-legged owl *Gymnoglaux lawrencii* 古巴角鸮 古巴

小雕鸮属

Giant Scops owl *Mimizuku gurneyi* 巨角鸮 菲律宾

雕鸮属

Snowy owl *Bubo scandiaca* 雪鸮 北极

Great horned owl *Bubo virginianus* 美洲雕鸮 北美洲和南美洲

Eurasian eagle owl *Bubo bubo* 雕鸮 欧洲和亚洲

Rock eagle owl *Bubo bengalensis* 印度雕鸮 南亚

Pharaoh eagle owl *Bubo ascalaphus* 荒漠雕鸮 北非和中东

Cape eagle owl *Bubo capensis* 海角雕鸮 东非和南非

《雪鸮》，出自约翰·古尔德的《英国鸟类》（*The Birds of Great Britain*）第四册（1873）。

Spotted eagle owl *Bubo africanus* 海角雕鸮 阿拉伯半岛和撒哈拉以南的非洲

Fraser's eagle owl *Bubo poensis* 弗氏雕鸮 西非

Usambara eagle owl *Bubo vosseleri* 坦桑雕鸮 坦桑尼亚

Forest eagle owl *Bubo nipalensis* 林雕鸮 印度和东南亚

Malay eagle owl *Bubo sumatranus* 马来雕鸮 南亚

Shelley's eagle owl *Bubo shellyei* 横斑雕鸮 西非

Verreaux's eagle owl *Bubo lacteus* 黄雕鸮 撒哈拉以南的非洲

《大 雕 鸮》（*Bubo maximus*），出自萨韦里奥·马内蒂的 *Ornithologia* 第一卷（1767）。

Dusky eagle owl *Bubo coromandus* 乌雕鸮 印度和东南亚

Akun eagle owl *Bubo leucostictus* 蝶斑雕鸮 西非

Philippine eagle owl *Bubo philippensis* 菲律宾雕鸮 菲律宾

渔鸮属

Blakiston's fish owl *Ketupa blakstoni* 毛腿渔鸮 东亚和日本

Brown fish owl *Ketupa zeylonensis* 褐渔鸮 中东和南亚

Tawny fish owl *Ketupa flavipes* 黄腿渔鸮 中亚和东南亚

Malay fish owl *Ketupa ketupa* 马来渔鸮 东南亚

斑渔鸮属

Pel's fishing owl *Scotopelia peli* 横斑渔鸮 撒哈拉以南的非洲

Rufous fishing owl *Scotopelia ussheri* 棕渔鸮 西非

Vermiculated fishing owl *Scotopelia bouvieri* 矛斑渔鸮 西非

林鸮属

Spotted wood owl *Strix seloputo* 点斑林鸮 东南亚

Mottled wood owl *Strix ocellate* 白领林鸮 印度和缅甸西部

Brown wood owl *Strix leptogrammica* 褐林鸮 印度，华南，东南亚

Tawny owl *Strix aluco* 灰林鸮 欧洲，亚洲，北非，中东

Hume's tawny owl *Strix butleri* 漠林鸮 中东

Spotted owl *Strix occidentalis* 斑林鸮 北美洲西部和墨西哥

Barred owl *Strix varia* 横斑林鸮 北美洲和墨西哥

Fulvus owl *Strix fulvensis* 茶色林鸮 墨西哥南部和中美洲北部

Rusty-barred owl *Strix hylophila* 锈斑林鸮 巴西，乌拉圭和阿根廷东北部

Rufous-legged owl *Strix rufipes* 棕斑林鸮 南美洲南部

Chaco owl *Strix chacoensis* 查科林鸮 玻利维亚，巴拉圭和阿根廷

Ural owl *Strix uralensis* 长尾林鸮 中欧和北欧，中亚，日本

David's wood owl *Strix davidi* 四川林鸮 中国

《灰 林 鸮》(*Aluc*
aldrov)，出自马内
蒂 的 *Ornithologia* 第
一卷（1767）。

Great grey owl *Strix nebulosa* 乌林鸮 北欧，亚洲和北美洲

African wood owl *Strix woodfordii* 非洲林鸮 撒哈拉以南的非洲

Mottled owl *Strix virgata* 杂色林鸮 墨西哥，中南美洲

Black-and-white owl *Strix nigrolineata* 斑眉林鸮 墨西哥至厄瓜多尔

Black-banded owl *Strix huhula* 黑斑林鸮 北美洲和南美洲中部

Rufous-banded owl *Strix albitarsus* 棕斑叫鸮 安第斯山脉北部

鬃鸮属

Maned owl *Jubula letti* 鬃鸮 西非

冠鸮属

Crested owl *Lophostrix cristata* 冠鸮 中美洲和南美洲北部

眼镜鸮属

Spectacled owl *Pulsatrix perspicillata* 眼镜鸮 墨西哥，中南美洲

Band-bellied owl *Pulsatrix melanota* 斑腹眼镜鸮 安第斯山脉北部

Tawny-browed owl *Pulsatrix koeniswaldiana* 茶眉眼镜鸮 南美洲东部

猛鸮属

Hawk owl *Surnia ulula* 猛鸮 北美洲，北欧，北亚

鸺鹠属

Eurasian pygmy owl *Glaucidium passerinum* 花头鸺鹠 北欧和中欧，北亚

Collared pygmy owl *Glaucidium brodiei* 领鸺鹠 中国的喜马拉雅山和东南亚

Pearl-spotted owlet *Glaucidium perlatum* 珠斑鸺鹠 撒哈拉以南的非洲

Northern pygmy owl *Glaucidium gnoma* 山鸺鹠 北美洲西部和中美洲

Andean pygmy owl *Glaucidium jardinii* 安第斯鸺鹠 中美洲和南美洲北部

Costa Rican pygmy owl *Glaucidium costaricanum* 哥斯达黎加鸺鹠 哥斯达黎加和巴拿马

Cloud-forest pygmy owl *Glaucidium nubicola* 厄瓜多尔鸺鹠 哥伦比亚和厄瓜多尔

Yungas pygmy owl *Glaucidium bolivianum* 玻利维亚鸺鹠 阿根廷，玻利维亚和秘鲁

Pernambuco pygmy owl *Glaucidium mooreorum* 伯州鸺鹠 巴西

Amazonian pygmy owl *Glaucidium hardyi* 亚马逊鸺鹠 南美洲北部

Least pygmy owl *Glaucidium minutissimum* 巴西鸺鹠 墨西哥和中北美洲

Central American pygmy owl *Glaucidium griseiceps* 中美鸺鹠 中美洲，南美洲和北美洲

Tamaulipas pygmy owl *Glaucidium sanchezi* 塔州鸺鹠 墨西哥

Colima pygmy owl *Glaucidium palmarum* 科利马鸺鹠 墨西哥

Subtropical pygmy owl *Glaucidium parkeri Glaucidium* 派克鸺鹠 玻利维亚，厄瓜多尔，秘鲁

Ferruginous pygmy owl *Glaucidium brasilianum* 棕鸺鹠 中南美洲

Peruvian pygmy owl *Glaucidium peruanum* 秘鲁鸺鹠 厄瓜多尔和秘鲁

Austral pygmy owl *Glaucidium nanum* 南鸺鹠 阿根廷和智利

Cuban pygmy owl *Glaucidium siju* 古巴鸺鹠 古巴

Red-chested owlet *Glaucidium tephronotum* 红胸鸺鹠 热带非洲

Sjostedt's pygmy owl *Glaucidium sjostedti* 中非鸺鹠 中非西部

Cuckoo owlet *Glaucidium cuculoides* 斑头鸺鹠 中国和东南亚

Javan owlet *Glaucidium castanopterum* 栗翅鸺鹠 印度尼西亚

Jungle owlet *Glaucidium radiatum* 丛林鸺鹠 巴基斯坦至缅甸

Chestnut-backed owlet *Glaucidium castanotum* 栗背鸺鹠 斯里兰卡

Chestnut owlet *Glaucidium castaneum* 栗鸺鹠 热带西非

African barred owlet *Glaucidium capense* 斑鸺鹠 撒哈拉以南的非洲

Albertine owlet *Glaucidium albertinum* 艾伯鸺鹠 扎伊尔东部和卢旺达

长须鸺鹠属

Long-whiskered owl *Xenoglaux loweryi* 长须鸺鹠 秘鲁北部

娇鸺鹠属

Elf owl *Micrathene whitneyi* 姬鸮 美国西南部和墨西哥

小鸮属

Little owl *Athene noctua* 纵纹腹小鸮 欧洲，北非，中东，亚洲

Spotted little owl *Athene brama* 横斑腹小鸮 南亚

《纵纹腹小鸮》，出自约翰·古尔德的《英国鸟类》第四册（1873）。

Burrowing owl *Athene cunicularia* 穴小鸮 美洲

林斑小鸮属

Forest spotted owl *Heteroglaux blewitti* 林斑小鸮 印度中部

鬼鸮属

Tengmalm's owl *Aegolius funereus* 鬼鸮 欧洲，北亚，北美洲

Northern saw-whet owl *Aegolius acadicus* 棕榈鬼鸮 北美洲和墨西哥北部

Unspotted saw-whet owl *Aegolius ridgwayi* 无斑棕榈鬼鸮 墨西哥南部和中美洲

Buff-fronted owl *Aegolius harrisii* 黄额鬼鸮 南美洲西北部和中南部

鹰鸮属

Rufous owl *Ninox rufa* 棕鹰鸮 澳大利亚北部和新几内亚

Powerful owl *Ninox strenua* 猛鹰鸮 澳大利亚东南部

Barking owl *Ninox connivens* 吠鹰鸮 澳大利亚，新几内亚和摩鹿加群岛

Sumba boobook *Ninox rudolfi* 松巴鹰鸮 印度尼西亚

Southern boobook *Ninox novaeseelandiae* 斑布克鹰鸮 澳大拉西亚

Little Sumba hawk owl *Ninox sumbaensis* 小松巴鹰鸮 印度尼西亚松巴岛

Brown hawk owl *Ninox scutuluta* 鹰鸮 南亚和东亚

Andaman hawk owl *Ninox affinis* 安达曼鹰鸮 安达曼－尼科巴群岛

White-browed hawk owl *Ninox superciliaris* 白眉鹰鸮 马达加斯加

Philippine hawk owl *Ninox philippensis* 菲律宾鹰鸮 菲律宾

Cinnabar hawk owl *Ninox ios* 朱红鹰鸮 苏拉威西岛（西里伯斯岛）

Ochre-bellied hawk owl *Ninox ochracea* 赭腹鹰鸮 苏拉威西岛（西里伯斯岛）

Togian hawk owl *Ninox burhani* 托岛鹰鸮 托吉安群岛，苏拉威西岛（西里伯斯岛）

Indonesian hawk owl *Ninox squamipila* 栗鹰鸮 东南亚岛屿

Christmas hawk owl *Ninox natalis* 圣诞岛鹰鸮 圣诞岛

Jungle hawk owl *Ninox theomacha* 褐鹰鸮 新几内亚

Admiralty Islands hawk owl *Ninox meeki* 阿默岛鹰鸮 阿德默勒尔蒂群岛

Speckled hawk owl *Ninox punctulata* 斑鹰鸮 苏拉威西岛（西里伯斯岛）

Bismarck hawk owl *Ninox variegata* 俾斯麦鹰鸮 新不列颠和新爱尔兰岛

New Britain hawk owl *Ninox odiosa* 新不列颠鹰鸮 新不列颠岛

Solomon Islands hawk owl *Ninox jacquinoti* 所罗门鹰鸮 所罗门群岛

丛鹰鸮属

Papuan hawk owl *Uroglaux dimorpha* 丛鹰鸮 新几内亚

牙买加鸮属

Jamaican owl *Pseudoscops grammicus* 牙买加鸮 牙买加

Striped owl *Pseudoscops clamator* 纹鸮 墨西哥，中南美洲

所罗门鸮属

Fearful owl *Nesasio solomonensis* 所罗门鸮 所罗门群岛

普通猫头鹰》（*Noctua vulgaris*），出自马内蒂的 *Ornithologia* 第一卷（1767）。

长耳鸮属

Stygian owl *Asio stygus* 乌耳鸮 墨西哥，中南美洲

Long-eared owl *Asio otus* 长耳鸮 欧洲，中东，亚洲，非洲

Abyssinian long-eared owl *Asio abyssinicus* 埃塞长耳鸮 东非和扎伊尔

Madagascar long-eared owl *Asio madagascariensis* 马岛长耳鸮 马达加斯加东部

Short-eared owl *Asio flammeus* 短耳鸮 欧洲，亚洲和美洲

African marsh owl *Asio capensis* 沼泽耳鸮 撒哈拉以南的非洲

注 释

第一章 史前的猫头鹰

[1] Jean-Marie Chauvet et al., *Chauvet Cave: The Discovery of the World's Oldest Paintings* (London, 1996), pp. 48–9.

[2] Abbé H. Breuil, *Four Hundred Centuries of Cave Art* (Montignac, Dordogne, 1952), pp. 159 and 162, fig. 123.

[3] Ann and Gale Sieveking, *The Caves of France and Northern Spain* (London, 1962), p. 188.

[4] Rosemary Powers and Christopher B. Stringer, 'Palaeolithic Cave Art Fauna', *Studies in Speleology*, ii / 7–8 (November 1975), pp. 272–3.

第二章 古代的猫头鹰

[1] Edward Terrace, *Egyptian Paintings of the Middle Kingdom* (London, 1968), p. 26.

[2] Faith Medlin, *Centuries of Owls* (Norwalk, ct, 1967) p. 16.

[3] Virginia C. Holmgren, *Owls in Folklore and Natural History* (Santa Barbara, ca, 1988), p. 31.

[4] Edward A. Armstrong, *The Folklore of Birds* (London, 1958), p. 119.

[5] C. Plinius Secundus, *The Historie of the World. Commonly called The Naturall Historie* (London, 1635), Tome i, Bk x, pp. 276–7.

[6] Robert W. Bagley, *Shang Ritual Bronzes* (Cambridge, ma, 1987), pp. 114–16, figs 152–6.

[7] Elizabeth P. Benson, *The Mochica: A Culture of Peru* (London, 1972) p. 52.

第三章 药用的猫头鹰

[1] John Swan, *Speculum Mundi* (Cambridge, 1643), p. 397.

第四章　象征性的猫头鹰

[1] Richard Barber, *Bestiary* (Woodbridge, Suffolk, 1993), p. 149.

[2] Sir Walter Scott, *A Legend of Montrose* (London, 1819), chap. 6.

[3] George Wither, *A Collection of Emblemes, Ancient and Moderne* (London, 1635), Bk 4, illus. xlv, p. 253.

[4] Faith Medlin, *Centuries of Owls* (Norwalk, ct, 1967), p. 46.

[5] E. L. *Sambourne, Punch* (10 April 1875).

第五章　富有寓意的猫头鹰

[1] Andrea Alciati, *Emblematum Liber* (Augsberg, 1531). 这是最早的寓意画集，曾经非常受欢迎，发行了150个版本，最后一版出现在18世纪（马德里，1749）。2004年推出了一个新的版本，带有John F. Moffitt的英文翻译，用的是1549年版的插图。

[2] Guillaume de la Perrière, *Morosophie* (Lyons, 1553), printed by Macé Bonhomme.

[3] Georgette de Montenay, *Emblematum Christianorum centuria* (1584).

[4] George Wither, *A Collection of Emblemes, Ancient and Moderne* (London, 1635), Bk 1, illus. ix, p. 9.

[5] Ibid., Bk 2, illus. i, p. 63.

[6] Ibid., Bk 2, illus. xvii, p. 79.

[7] Ibid., Bk 3, illus. xxxiv, p. 168.

第六章　文学中的猫头鹰

[1] Lady Parthenope Verney, *Life and Death of Athena, an Owlet from the Parthenon* (privately printed, 1855). 后以*Florence Nightingale's Pet Owl, Athena: A Sentimental History*之名重新发行（旧金山，1970），以纪念弗洛伦斯·南丁格尔诞辰150周年。

[2] Lewis Carroll, *Alice's Adventures in Wonderland* (London, 1965), illus. to chap. 3.

第七章　部落里的猫头鹰

[1] Norman Bancroft-Hunt, *People of the Totem: The Indians of the Pacific Northwest* (London, 1979), p. 97.

[2] Jean Blodgett, *Kenojuak* (Toronto, 1985).

[3] W. T. Larmour, *The Art of the Canadian Eskimo* (Ottawa, 1967), p. 16.

第八章　猫头鹰与艺术家

[1] Jacques Combe, *Jheronimus Bosch* (London, 1946), p. 10.

[2] Ibid., p. 21.

[3] Wilhelm Fraenger, *Hieronymus Bosch* (Amsterdam, 1999), p. 201.

[4] Mario Bussagli, *Bosch* (New York, 1967), p. 10.

[5] Fraenger, *Hieronymus Bosch*, p. 44.

[6] Herbert Read, *Hieronymus Bosch* (London, 1967), p. 5.

[7] Fraenger, *Hieronymus Bosch*, p. 116.

[8] Colin Eisler, *Dürer's Animals* (Washington, dc, 1991), pp. 83–5.

[9] Mario Salmi et al., *The Complete Works of Michelangelo* (London, 1966), fig. 91, p. 119.

[10] Philip Hofer, *The Disasters of War by Francisco Goya* (New York, 1967)，是戈雅 *Los Desastres de la Guerra* (1863)初版的原样复制品，由皇家圣费尔南多美术学院（Real Academia de Nobles Artes de San Fernando）发行。Plate 73: *Gatesca pantomima.*

[11] Vivien Noakes, *Edward Lear, 1818–1888* (London, 1985), plate 10g, pp. 27 and 86.

[12] David Duncan Douglas, *Viva Picasso* (New York, 1980), pp. 86–7.

[13] Gertje R. Utley, *Picasso: The Communist Years* (New Haven, ct, 2000), p. 160, fig. 130.

[14] Evelyn Benesch et al., *René Magritte: The Key to Dreams* (Vienna, 2005), p. 168.

[15] David Sylvester, *René Magritte, Catalogue Raisonné* (London, 1993), vol. ii, p. 340.

[16] Silvano Levy, personal communication, 29 October 2008.

[17] Dorothy C. Miller, *Americans, 1942* (New York, 1942), p. 56.

[18] Krystyna Weinstein, *The Owl in Art, Myth, and Legend* (London, 1985), p. 59.

第九章　典型的猫头鹰

[1] Gordon Lynn Walls, *The Vertebrate Eye* (New York, 1967), p. 212.

[2] 食茧可以在华盛顿州的pelletsinc.com，pellet.com或者pelletlab.com，加利福尼亚州的owlpellets.com，纽约州的owlpelletkits.com 买到。

[3] Aristotle, *Historia Animalium*, trans. D'Arcy Wentworth Thompson (Oxford, 1910), vol. iv, p. 609.

[4] C. Pliny Secundus, *The Naturall Historie* (London, 1635), Tome i, Bk 10, ch. xvii, p. 277.

[5] Ann Payne, *Medieval Beasts* (London, 1990), p. 73.

附　录

[1] Conrad Gesner, *Icones Avium* (Zürich, 1560), pp. 14–17.

[2] Ulyssis Aldrovandi, *Opera Omnia* (Bologna, 1638–68), Libri xii, Ornithologiae (1646) pp. 498–570.

参考文献

Armstrong, Edward, *The Life and Lore of the Bird* (New York, 1975).

——, *The Folklore of Birds* (London, 1958).

Backhouse, Frances, *Owls of North America* (Richmond Hill, ON, 2008).

Berger, Cynthia, *Owls* (Mechanicsburg, PA, 2005).

Breese, Dilys, *Everything You Wanted to Know About Owls* (London, 1998).

Bunn, D. S. et al., *The Barn Owl* (Calton, Staffs, 1982).

Burton, J. A., *Owls of the World* (London, 1984).

Cenzato, Elena and Fabio Santopietro, *Owls: Art, Legend, History* (New York, 1991).

Clair, Colin, *Unnatural History* (New York, 1967).

Everett, M. J., *A Natural History of Owls* (London, 1977).

Grossman, Mary Louise and John Hamlet, *Birds of Prey of the World* (London, 1965).

Gruson, Edward S., *A Checklist of the Birds of the World* (London, 1976).

Holmgren, Virginia C., *Owls in Folklore and Natural History* (Santa Barbara, CA, 1988).

Hume, Rob, *Owls of the World* (Limpsfield, Surrey, 1991).

Johnsgard, P. A., *North American Owls – Biology and Natural History* (Washington, DC, 1988).

Kemp, A. and S. Calburn, *The Owls of Southern Africa* (Cape Town, 1987).

Konig, Claus and Friedhelm Weick, *Owls of the World* (London, 2008).

Konig, Claus, Friedhelm Weick and J.-H. Becking, *Owls: A Guide to the Owls of the World* (New Haven, ct, 1999).

Long, Kim, *Owls, a Wildlife Handbook* (Boulder, CO, 1998).

Lynch, Wayne, *Owls of the United States and Canada* (Baltimore, MD, 2007).

Medlin, Faith, *Centuries of Owls in Art and the Written Word* (Norwalk, CT, 1968).

Mikkola, Heimo, *Owls of Europe* (London, 1983).

Peeters, Hans, *A Field Guide to Owls of California and the West* (Berkeley, CA, 2007).

Scholz, Floyd, *Owls* (Mechanicsurg, PA, 2001).

Shawyer, Colin, *The Barn Owl* (London, 1994)

——, *The Barn Owl in the British Isles: Its Past, Present and Future* (London, 1987).

Sparks, John and Tony Soper, *Owls: Their Natural and Unnatural History* (New York, 1970).

Taylor, Iain, *Barn Owls* (Cambridge, 2004).

Voous, Karel H., *Owls of the Northern Hemisphere* (London, 1988).

Weick, Friedhelm, *Owls Strigiformes: Annotated and Illustrated Checklist* (Berlin, 2006).

Weinstein, Krystyna, *The Owl in Art, Myth, and Legend* (London, 1990).